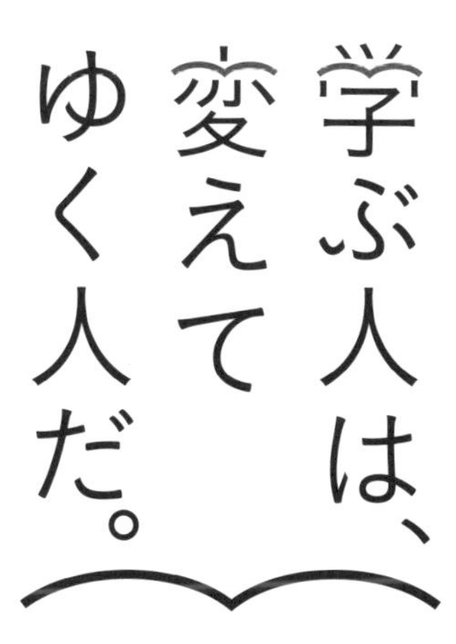

目

社　　　つ見つけ、

挑み続けるために、人は学ぶ。

「学び」で、

少しずつ世界は変えてゆける。

いつでも、どこでも、誰でも、

学ぶことができる世の中へ。

旺文社

大学入試

苦手対策！

数列

に強くなる問題集

内津 知 著

目　次

漸化式の索引

著　者　紹　介

内津 知（うつつ さとし）

愛知県で高校生を教えている．著書には『できる人は知っている 基本のルール 30 で解く数学Ⅰ＋A』，『できる人は知っている 基本のルール 50 で解く数学Ⅱ＋B』，『基礎からのジャンプアップノート 数学［Ⅰ＋A＋Ⅱ＋B］記述式答案書き方ドリル』，『大学入試 苦手対策！ ２次関数 三角関数 指数・対数関数に強くなる問題集』（旺文社）などがある．『全国大学入試問題正解 数学』の解答・解説の執筆もしている．

紙面デザイン：内津 剛（及川真咲デザイン事務所）　図版：蔦澤 治
編集協力：有限会社 四月社　企画：青木希実子

はじめに

本書は，数列に関する問題（特に入試で頻出の漸化式の問題）をまとめて扱った問題集です．学習のポイントは，次のようになります．

<学習のポイント>

① 言葉（項，階差数列など）の定義をしっかり覚える

② 数列で使う記号（a_n， $\sum_{k=1}^{n} a_k$ など）の扱いに慣れる

③ 数列の一般項や和の公式を使うことができる

④ 基本的な漸化式から数列の一般項を求めることができる

⑤ 誘導にしたがって，漸化式から数列の一般項を求めることができる

数列の分野では特有の言葉や記号，そして多くの公式が出てきます．しっかりと定義を覚え（①），記号に早く慣れましょう（②）．また，公式を覚えるコツは，解答の中で実際に使ってみることです（③）．何度も思い出すことで記憶が定着します．

第２章の第８節から第３章までは，数列の典型的な応用問題です．数列が，どういった形で使われているかを学んでください．

後半の第４章から第６章までは漸化式を扱います．漸化式は，「いろいろな解き方があって，よく分からない」と思っている人も多いでしょう．しかし，基本は等差数列と等比数列の漸化式です．いくつかの「置き換え」によって，等差数列や等比数列の一般項の公式に持ち込むのです．この「置き換え」の理由とその導き方を身につけ，自信をもって問題に挑戦してください．

内津 知

本書の構成

■ 本冊　問題

重要事項の確認

各テーマの冒頭で，問題を解くために必要な公式や重要事項を，空欄補充で確認することができます．

例題，練習問題

入試問題を中心に，基本をおさえられ，かつ，応用力が身につくような学習効果の高い問題を選びました．

■ 別冊　解答

練習問題の解答

練習問題を解き終えたら，最終的な答えが合っているかどうかだけでなく，自分の解答に足りない点がないかどうかまで確認しましょう．間違えた問題には印をつけておき，数日後に解きなおしましょう．解けるようになるまで続けることが大切です．

別解

別解を知ることが，問題を解くときの柔軟な発想へとつながります．

JUMP UP!

解答とは異なる着眼点，やや発展的な内容などを扱っています．ここに目を通すことで，さらに理解が深まります．

※本書では，入試問題の問題文の一部を改めている場合があります．

1 数列とその記号

ここが大事！ 数列の分野で用いられる用語と記号を説明します．言葉の定義や式の意味が曖昧なままでは理解が進みません．はじめにきちんと理解しましょう．

1 数列

数を一列に並べたものを**数列**といい，その各数を数列の**項**といいます．以下，断りがない限り，数列の各項はすべて実数とします．

例1 20以下の正の奇数を小さいものから順に並べた数列は

1，3，[ア]，7，9，11，13，15，[イ]，19

です．

ア 5
イ 17

例2 自然数の平方（2乗）を小さいものから順に並べた数列は

1，4，[ウ]，16，25，36，[エ]，64，……

です．

ウ 9
エ 49

ここで，最後の……は数列が限りなく続くことを表しています．

数列の項を順に，第1項，第2項，……といい，初めからn番目の項を第n項といいます．とくに，第1項を**初項**ということもあります．また，例1のように数列の項が有限個の場合はその項の数を**項数**といい，最後の項を**末項**といいます．

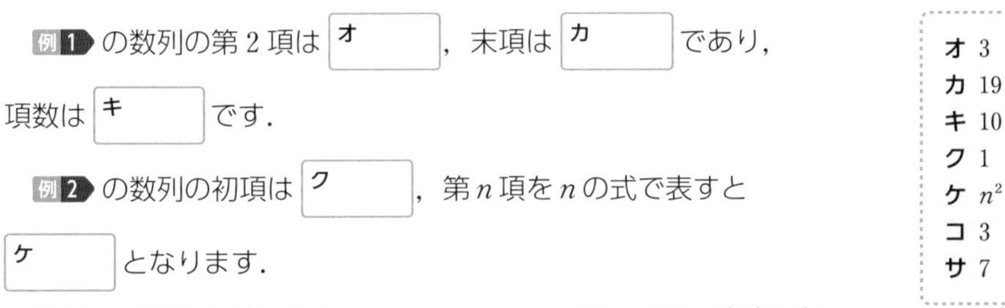

例1の数列の第2項は[オ]，末項は[カ]であり，項数は[キ]です．

例2の数列の初項は[ク]，第n項をnの式で表すと[ケ]となります．

オ 3
カ 19
キ 10
ク 1
ケ n^2
コ 3
サ 7

数列を一般的に表すには，a_1，a_2，a_3，……のように，文字に何番目の項であるかを表す数を右下に添えます．

例1の数列をa_1，a_2，a_3，……，a_{10}で表すと，a_2=[コ]，a_4=[サ]となります．

また，数列全体を$\{a_n\}$と表します．

n=1，2，3，……，10を略してあります

例2 の数列を $\{b_n\}$ とすると，$b_n=$ [ケ] です．このように，数列の第 n 項を n の式で表したものを，数列の**一般項**といいます．

いつも一般項が n の簡単な式で表されるとは限りません

このとき，数列 $\{b_n\}$ を $\{$[ケ]$\}$ と表すこともあります．

数列は，自然数 n に対して実数 a_n を対応させる関数の一種と考えることもできます．

2 和を表す記号 Σ

数列 a_1，a_2，a_3，……，a_n の和を，記号 $\sum$ を用いて

$$\sum_{k=1}^{n} a_k \ (=a_1+a_2+a_3+\cdots\cdots+a_n)$$

と表します．

記号 $\sum$ の中にある a_k の値を，下にある 1 から上にある n まで，k の値を 1 ずつ増やしながら，足し合わせたものを表します．

 練 習 問 題   

1 ▶解答 P.1

次の数列の第 5 項と第 n 項を推測せよ．

(1)　2，4，6，8，……

(2)　1･2，2･3，3･4，4･5，……

2 ▶解答 P.1

1，3，5，11，13，15，31，……のように，数字 1，3，5 のみを用いてできる自然数を小さい順に並べた数列を $\{a_n\}$ $(n=1, 2, 3, \cdots\cdots)$ とする．このとき，次の問いに答えよ．　（岩手医科大・改）

(1)　a_{10}，a_{15} を求めよ．

(2)　$a_n=55$ となる n を求めよ．

(3)　n を(2)で求めた値とするとき，$\sum_{k=4}^{n} a_k$ の値を求めよ．

2 等差数列

ここが大事！ 等差数列は初項と公差で決まる基本的な数列です．ここでは，等差数列の基本事項と和の公式を学びます．

1 等差数列の一般項

数列 a_1，a_2，a_3，……，a_n，……において，第 n 項に定数 d を加えると第 $n+1$ 項が得られるとき，すなわち，$a_{n+1}=a_n+d$ $(n=1,\ 2,\ 3,\ \cdots\cdots)$ ……ⓐ が成り立つとき，数列 $\{a_n\}$ を**等差数列**といい，d を**公差**といいます．

初項 a_1 を a，公差を d とするとき，第 n 項 a_n は次の式で表されます．

$$a_n=\boxed{\text{ア}}+\left(\boxed{\text{イ}}\right)d \quad \cdots\cdots ⓑ$$

ア a
イ $n-1$

2 等差数列の和

初項 a，公差 d の等差数列 a_1，a_2，a_3，……の第 n 項を l とするとき，初項から第 n 項までの和 $S_n=\sum_{k=1}^{n}a_k$ を求めましょう．

$$S_n=a_1+a_2+a_3+\cdots\cdots+a_{n-1}+a_n$$
$$=a+(a+d)+(a+2d)+\cdots\cdots+(l-d)+l \quad \cdots\cdots①$$

ですから，和の順を逆にすると

$$S_n=a_n+a_{n-1}+\cdots\cdots+a_3+a_2+a_1$$
$$=l+(l-d)+\cdots\cdots+(a+2d)+(a+d)+a \quad \cdots\cdots②$$

となり，①と②の辺々を足すと

$$2S_n=(a+l)+(a+l)+\cdots\cdots+(a+l)$$
$$=n(a+l)$$

となります．このことから

$$S_n=\frac{1}{2}\boxed{\text{ウ}}\left(\boxed{\text{エ}}\right) \quad \cdots\cdots ⓒ$$

が成り立ちます．

また，**2** ⓑを用いて $l=a_n$ を a，n，d で表すと

$$S_n=\frac{1}{2}\boxed{\text{ウ}}\left\{\boxed{\text{オ}}\right\} \quad \cdots\cdots ⓓ$$

となります．

ウ n
エ $a+l$
オ $2a+(n-1)d$

例題 1 $a_4=102$, $a_8=218$ である等差数列 $\{a_n\}$ がある．このとき，初項と公差を求めよ．また，$\sum_{n=5}^{15} a_n$ を求めよ．（慶應義塾大）

解答 初項を a，公差を d とすると，$a_4=102$, $a_8=218$ より

$a+$ [カ] $d=102$, $a+$ [キ] $d=218$ ← a, d の連立1次方程式です

これを解くと，初項 a は [ク]，公差 d は [ケ] である．

また，$a_5=$ [コ] から，a_{15} までの [サ] 項の和を求めると

（2 ⓓを使います）

$$\sum_{n=5}^{15} a_n = \frac{1}{2}\cdot[\text{サ}]\cdot\{2\cdot[\text{コ}]+([\text{サ}]-1)\cdot[\text{ケ}]\}$$
$$=[\text{シ}]$$

である．

カ	3
キ	7
ク	15
ケ	29
コ	131
サ	11
シ	3036

3 等差数列をなす3数 a, b, c の関係式

3つの数 a, b, c がこの順で等差数列のとき，公差を d とすれば，$a=b-d$, $c=b+d$ ですから

[ス] $=a+c$ ……ⓔ

が成り立ちます．

逆に，3つの数 a, b, c に対してこの式が成り立てば，a, b, c はこの順で等差数列です．

ス $2b$

例題 2 自然数 a について，13, a, 117 はこの順で等差数列である．このとき，a の値を求めよ．（金沢工業大）

解答 13, a, 117 はこの順で等差数列であるから

$2\cdot$ [セ] $=$ [ソ]

これを解くと，$a=$ [タ] であり，これは自然数である．

セ	a
ソ	13+117（130も可）
タ	65

練習問題

3 ▶解答 P.2

等差数列 50，48，46，44，……について，以下の問いに答えよ．（福島大）

(1)　この等差数列の一般項 a_n を求めよ．

(2)　この等差数列の初項から第 n 項までの和を S_n とするとき，S_n の値が最大となる n の値をすべて求めよ．また，このときの S_n の値を求めよ．

4 ▶解答 P.2

a，1，a^2 がこの順で等差数列である．公差が 0 でないとき，a の値を求めよ．（立教大）

5 ▶解答 P.3

ある等差数列の初項から第 n 項までの和を S_n とする．$S_5=45$，$S_{10}=140$ であるとき，S_{15} の値を求めよ．（京都産業大）

6 ▶解答 P.4

2 つの等差数列 $\{a_n\}$，$\{b_n\}$ が

$\{a_n\}$：2，5，8，11，14，17，……

$\{b_n\}$：3，7，11，15，19，23，……

で与えられているとき，次の各問いに答えよ．（静岡文化芸術大）

(1)　数列 $\{a_n\}$ において，100 以下の項の総和を求めよ．

(2)　数列 $\{a_n\}$ と数列 $\{b_n\}$ に共通に現れる数を小さい方から順に並べて数列を作る．この数列の 100 以下の項の総和を求めよ．

3 等比数列

ここが大事！ 等比数列は初項と公比で決まる基本的な数列です．ここでは，等比数列の基本事項と和の公式を学びます．

1 等比数列の一般項

数列 a_1，a_2，a_3，……，a_n，…… において，第 n 項に定数 r を掛けると第 $n+1$ 項が得られるとき，すなわち，$a_{n+1}=ra_n$ $(n=1,\ 2,\ 3,\ \cdots\cdots)$ ……ⓐ が成り立つとき，数列 $\{a_n\}$ を**等比数列**といい，r を**公比**といいます．

初項 a_1 を a，公比を r とするとき，第 n 項 a_n は次の式で表されます．

$$a_n=\boxed{\text{ア}}\,r^{\boxed{\text{イ}}} \quad \cdots\cdots ⓑ$$

ア a
イ $n-1$

2 等比数列の和

初項 a，公比 r の等比数列 a_1，a_2，a_3，……，a_n の初項から第 n 項までの和 $S_n=\sum_{k=1}^{n}a_k$ を求めましょう．

$r\neq1$ のとき

$$S_n=a_1+a_2+a_3+\cdots\cdots+a_{n-1}+a_n$$
$$=a+ar+ar^2+\cdots\cdots+ar^{n-2}+ar^{n-1} \quad \cdots\cdots ①$$

ですから，両辺に r を掛けると

$$rS_n=\quad ar+ar^2+ar^3+\ \cdots\cdots\ +ar^{n-1}+ar^n \quad \cdots\cdots ②$$

となり，①から②の辺々を引くと

$$(1-r)S_n=a-ar^n$$

となります．条件より，$1-r\neq0$ ですから，両辺を $1-r$ で割れば

$$S_n=\frac{a\left(\boxed{\text{ウ}}\right)}{1-r}=\frac{a\left(\boxed{\text{エ}}\right)}{r-1} \quad \cdots\cdots ⓒ$$

が成り立ちます．

ウ $1-r^n$
エ r^n-1
オ na

$r=1$ のとき

$$S_n=a_1+a_2+a_3+\cdots\cdots+a_{n-1}+a_n$$
$$=a+a+a+\cdots\cdots+a+a$$

ですから，$S_n=\boxed{\text{オ}}$ ……ⓓ です．

例題 3　第3項が $\frac{1}{3}$，第15項が $\frac{64}{3}$ である等比数列について，初項と公比を求めよ．ただし，公比は正の実数とする．また，第3項から第18項までの和を求めよ．
(国士舘大)

解答　初項を a，公比を r とすると，第3項が $\frac{1}{3}$，第15項が $\frac{64}{3}$ であるから

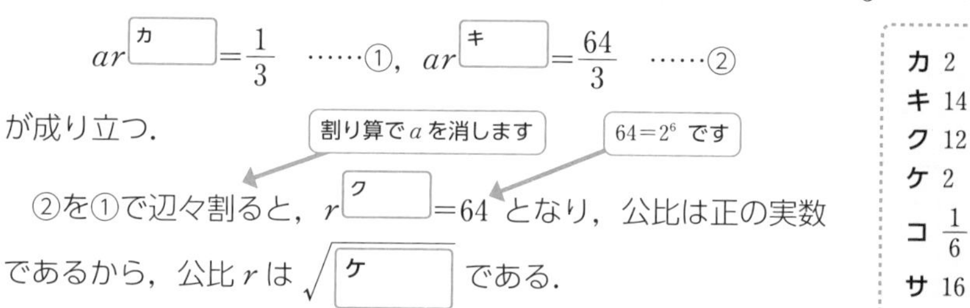

$ar^{\boxed{カ}}=\frac{1}{3}$　……①，$ar^{\boxed{キ}}=\frac{64}{3}$　……②

が成り立つ．

②を①で辺々割ると，$r^{\boxed{ク}}=64$ となり，公比は正の実数であるから，公比 r は $\sqrt{\boxed{ケ}}$ である．

これを①に代入して a を求めると，初項 a は $\boxed{コ}$ である．

また，第3項 $\frac{1}{3}$ から第18項までの $\boxed{サ}$ 項の和は

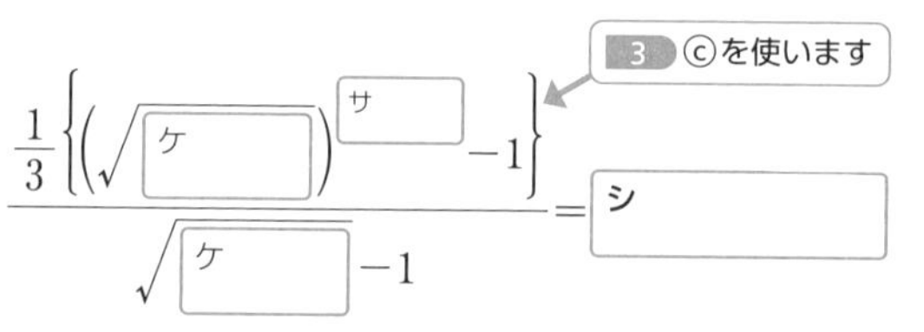

$$\frac{\frac{1}{3}\left\{\left(\sqrt{\boxed{ケ}}\right)^{\boxed{サ}}-1\right\}}{\sqrt{\boxed{ケ}}-1}=\boxed{シ}$$

である．

- カ　2
- キ　14
- ク　12
- ケ　2
- コ　$\frac{1}{6}$
- サ　16
- シ　$85\sqrt{2}+85$

3　等比数列をなす3数 a，b，c の関係式

0でない3つの数 a，b，c がこの順で等比数列のとき，

公比を r とすれば，$a=\frac{b}{r}$，$c=br$ ですから

$\boxed{ス}=ac$　……ⓔ

が成り立ちます．

- ス　b^2

逆に，0でない3つの数 a，b，c に対してこの式が成り立てば，a，b，c はこの順で等比数列です．

例題 4 a，b は $ab=5$ を満たす正の実数とする．3 つの数 a，b，3 がこの順に等比数列をなすとき，b の値を求めよ．（大阪工業大）

解答 a，b，3 がこの順で等比数列であるから

$b^2=$ セ

が成り立つ．

条件より，$a=$ ソ であるから，a を消去すると

$b^2=$ タ　すなわち　$b^3=$ チ

b は正の実数であるから，$b=\sqrt[3]{\text{チ}}$ である．

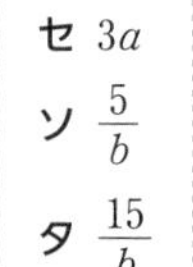
セ $3a$
ソ $\dfrac{5}{b}$
タ $\dfrac{15}{b}$
チ 15

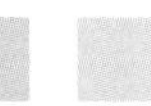
練習問題

7 ▶解答 P.5

初項 a，公比 r の等比数列 $\{a_n\}$ において，$\dfrac{a_5}{a_2}=\dfrac{1}{64}$ であり，初項から第 3 項までの和が 21 であるとき，初項 a と公比 r を求めよ．ただし，公比 r は実数とする．

（駒澤大）

8 ▶解答 P.6

数列 a，2，b，32 が，この順で各項が正である等比数列のとき，a，b の値を求めよ．

9 ▶解答 P.6

公比が r である等比数列の初項から第 4 項までの和 S_4 が 10，初項から第 8 項までの和 S_8 が 30 であるとき，次の問いに答えよ．（広島工業大）

(1) $\dfrac{r^8-1}{r^4-1}$ の値を求めよ．

(2) $R=r^4$ とするとき，R の値を求めよ．

(3) 初項から第 12 項までの和 S_{12} を求めよ．

4　等差数列・等比数列の応用

等差数列や等比数列以外の数列にも，いくつかの数列に分けたり，一部の項を除くなどしたりして，等差数列や等比数列の性質を利用して調べられるものがあります．

1　等差数列の一部分からなる数列

例題 5　3で割り切れない自然数を小さいものから順に並べた数列1，2，4，5，7，8，……の第n項をa_n（$n=1$，2，3，……）とし，$S_n=\sum_{k=1}^{n}a_k$ とおく．このとき，次の問いに答えよ．（東京薬科大）

(1)　$a_n>1000$ を満たす最小のnの値を求めよ．

(2)　S_{100}の値を求めよ．

解答　(1)　1000より大きく3で割り切れない最小の自然数は1001である．

3で割り切れる自然数を小さいものから順に並べた数列の第m項は［ア］であるから［ア］<1001 より，3で割り切れる1001より小さい自然数の個数は［イ］個である．

ア　$3m$
イ　333
ウ　668

よって，$a_n=1001$ となるnの値は

$$n=1001-［イ］=［ウ］$$

である．

数列$\{a_n\}$は自然数を小さいものから順に並べた数列から3の倍数を除いたものです

(2)　3で割って1余る自然数を小さいものから順に並べた数列$\{b_n\}$は，初項1，公差3の等差数列であり，3で割って2余る自然数を小さいものから順に並べた数列$\{c_n\}$は，初項2，公差3の等差数列である．

このとき，数列$\{a_n\}$は2つの数列の項を，小さいものから交互に並べた数列であるから

$$S_{100}=\sum_{k=1}^{50}b_k+\sum_{k=1}^{50}c_k$$

$\{b_n\}$：1，4，7，……
$\{c_n\}$：2，5，8，……
$\{a_n\}$：1，2，4，5，……
です

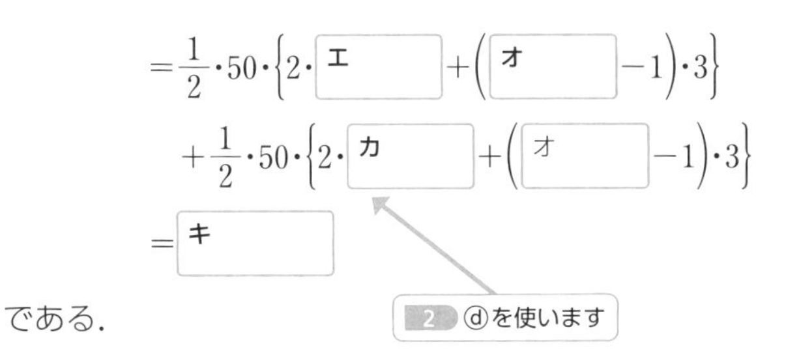

$$=\frac{1}{2}\cdot 50\cdot\left\{2\cdot\boxed{エ}+\left(\boxed{オ}-1\right)\cdot 3\right\}$$
$$+\frac{1}{2}\cdot 50\cdot\left\{2\cdot\boxed{カ}+\left(\boxed{オ}-1\right)\cdot 3\right\}$$
$$=\boxed{キ}$$

である．

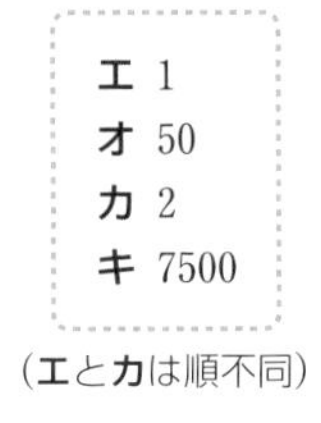

（エとカは順不同）

練習問題

10 ▶解答 P.8

1 以上 50 以下の，5 を分母とする既約分数の総和を求めよ．（昭和薬科大）

11 ▶解答 P.8

ある銀行からお金を借りるとき，借入残高は 1 年ごとの複利法で計算される．複利法では，借入残高と年利率と返済額に応じて，1 年後の借入残高が決まる．いま，d 円を年利率 r で借り入れ，最初の返済は 1 年後で p 円返済し，その後も毎年 p 円返済する場合，各年の借入残高は次のようになる．

1 年後：$d(1+r)-p$

2 年後：$\{d(1+r)-p\}(1+r)-p=d(1+r)^2-p\{(1+r)+1\}$

……

このとき，次の問いに答えよ．ただし，年利率は正の定数とする．（福島大）

(1) 3 年後の借入残高を d，p，r を用いて表せ．

(2) n 年後の借入残高を d，p，r，n を用いて表せ．

5　Σの性質

ここが大事！　和を表す記号 Σ を用いると，式が見やすくなり，公式が使える場合には簡単に和が求まります．しかしながら，いつも公式が使えるわけではなく，その場合には，数列を具体的に書いてみることが有効です．

1　Σの性質

2 つの数列 $\{a_n\}$，$\{b_n\}$ と定数 c について

$(a_1+b_1)+(a_2+b_2)+\cdots\cdots+(a_n+b_n)=(a_1+a_2+\cdots\cdots+a_n)+(b_1+b_2+\cdots\cdots+b_n)$

$ca_1+ca_2+\cdots\cdots+ca_n=c(a_1+a_2+\cdots\cdots+a_n)$

から

$$\sum_{k=1}^{n}(a_k+b_k)=\sum_{k=1}^{n}a_k+\sum_{k=1}^{n}b_k \quad \cdots\cdots ⓐ$$

$$\sum_{k=1}^{n}ca_k=c\sum_{k=1}^{n}a_k \quad \cdots\cdots ⓑ$$

が成り立ちます．

2　数列の和の公式

c を定数，n を自然数とします．

数列 $\{c\}$ は，すべての項が c である数列ですから

$$\sum_{k=1}^{n}c=\overbrace{c+c+\cdots\cdots+c}^{n\text{個}}=\boxed{\text{ア}\quad}$$

が成り立ちます．また，数列 1，2，3，……，n，……は，初項 1，公差 1 の等差数列ですから，2 ⓒから

$$\sum_{k=1}^{n}k=\frac{1}{2}n(1+n)=\boxed{\text{イ}\quad}$$

が成り立ちます．

よって

$$\sum_{k=1}^{n}c=\boxed{\text{ア}\quad} \quad \cdots\cdots ⓒ,\quad \sum_{k=1}^{n}k=\boxed{\text{イ}\quad} \quad \cdots\cdots ⓓ$$

です．

また，$(k+1)^3-k^3=3k^2+3k+1$ を 2 倍して変形すると，

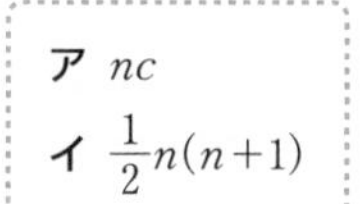

$6k^2+6k+2=-2\{k^3-(k+1)^3\}$ となり，5 ⓐ〜ⓓを用いて計算すると，

$6\sum_{k=1}^{n}k^2+6\sum_{k=1}^{n}k+\sum_{k=1}^{n}2=-2\sum_{k=1}^{n}\{k^3-(k+1)^3\}$ より

$(\text{左辺})=6\sum_{k=1}^{n}k^2+6\cdot$ [イ] $+$ [ウ] n

$(\text{右辺})=-2[(1^3-2^3)+(2^3-3^3)+\cdots\cdots+\{n^3-(n+1)^3\}]$
$=2\{(n+1)^3-1^3\}=2n^3+6n^2+6n$

から

$$6\sum_{k=1}^{n}k^2=\boxed{エ}\,n^3+\boxed{オ}\,n^2+n$$

したがって，次の式が導かれます．

因数分解します

$$\sum_{k=1}^{n}k^2=\frac{1}{6}n\,\boxed{カ}\quad\cdots\cdots ⓔ$$

同様に，$(k+1)^4-k^4=4k^3+6k^2+4k+1$ から

$$\sum_{k=1}^{n}k^3=\left\{\frac{1}{2}n(n+1)\right\}^2\quad\cdots\cdots ⓕ$$

となります．

ウ 2
エ 2
オ 3
カ $(n+1)(2n+1)$

例題 1 nを正の整数とするとき，$S=\sum_{k=1}^{n}k(k+1)(k+2)$ を求めよ．

（岡山県立大）

解答 $k(k+1)(k+2)=k^3+3k^2+2k$ となるから

$S=\sum_{k=1}^{n}(k^3+3k^2+2k)$

$=\sum_{k=1}^{n}k^3+3\sum_{k=1}^{n}k^2+2\sum_{k=1}^{n}k$ ← 5 ⓐ，ⓑを使います

$=\left\{\frac{1}{2}\boxed{キ}\right\}^2+3\cdot\frac{1}{6}\boxed{ク}$

$+2\cdot\frac{1}{2}\boxed{ケ}$ ← 5 ⓓ〜ⓕを使います

$=\frac{1}{4}n(n+1)\left\{n\left(\boxed{コ}\right)+2\left(\boxed{サ}\right)+\boxed{シ}\right\}$ ← 共通因数でくくります

$=\frac{1}{4}n(n+1)\boxed{ス}$ ← 因数分解します

である．

キ $n(n+1)$　ク $n(n+1)(2n+1)$　ケ $n(n+1)$
コ $n+1$　サ $2n+1$　シ 4　ス $(n+2)(n+3)$

別解　$k(k+1)(k+2)(k+3)-(k-1)k(k+1)(k+2)$

$$=\{(k+3)-(k-1)\}k(k+1)(k+2)=4k(k+1)(k+2)$$

が成り立つので

$$4S=\sum_{k=1}^{n}4k(k+1)(k+2)$$

−を付けて，項の順序を変えました

$$=-\sum_{k=1}^{n}\{(k-1)k(k+1)(k+2)-k(k+1)(k+2)(k+3)\}$$

$$=-[(0\cdot1\cdot2\cdot3-1\cdot2\cdot3\cdot4)+(1\cdot2\cdot3\cdot4-2\cdot3\cdot4\cdot5)$$
$$+\cdots\cdots+\{(n-1)n(n+1)(n+2)-n(n+1)(n+2)(n+3)\}]$$

$$=-\{0\cdot1\cdot2\cdot3-n(n+1)(n+2)(n+3)\}$$

$$=n(n+1)(n+2)(n+3)$$

したがって

$$S=\frac{1}{4}n(n+1)(n+2)(n+3)$$

である．

例題 2　$\sum_{k=1}^{8}\{(-2)^{k-1}+4k\}$ の値を求めよ．　（千葉工業大）

解答　$\sum_{k=1}^{8}(-2)^{k-1}=$ [セ] $+(-2)^1+\cdots\cdots+(-2)^{[ソ]}$　← 等比数列の和です

$$=\frac{1\cdot\left\{1-(-2)^{[タ]}\right\}}{1-(-2)}$$

← 3 ⓒを使います

$=$ [チ]

$\sum_{k=1}^{8}4k=4\cdot\frac{1}{2}\cdot$ [ツ] $\cdot\left([ツ]+1\right)$　← 5 ⓑ，ⓓを使います

$=$ [テ]

より

$\sum_{k=1}^{8}\{(-2)^{k-1}+4k\}=\sum_{k=1}^{8}(-2)^{k-1}+\sum_{k=1}^{8}4k$　← 5 ⓐを使います

$=$ [ト]

である．

セ	1
ソ	7
タ	8
チ	−85
ツ	8
テ	144
ト	59

練習問題

12 ▶解答 P.9

次の和を求めよ.　　（秋田大）

$$1\cdot 2+2\cdot 3+3\cdot 4+\cdots\cdots+20\cdot 21$$

13 ▶解答 P.10

数列 $1,\ 1+3,\ 1+3+5,\ 1+3+5+7,\ \cdots\cdots$ の初項から第 24 項までの和を求めよ.

14 ▶解答 P.10

次の和を求めよ.

$$3+33+333+\cdots\cdots+\underbrace{333\cdots\cdots 3}_{n\text{ 桁}}$$

6 階差数列

ここが大事！ 一般に，数列に対してその階差数列は，より簡単な数列になります．ここでは，階差数列からもとの数列を求める方法を学びます．

1 階差数列の定義

数列 $\{a_n\}$ に対して

$$b_n = a_{n+1} - a_n \quad (n=1,\ 2,\ 3,\ \cdots\cdots) \quad \cdots\cdots ⓐ$$

で定まる数列 $\{b_n\}$ を，数列 $\{a_n\}$ の**階差数列**といいます．

例 1 数列 1^2，2^2，3^2，……，n^2，…… の階差数列は

$2^2-1^2=$ ア ，$3^2-2^2=$ イ ，……，$(n+1)^2-n^2=$ ウ ，……

である．

ア 3　イ 5　ウ $2n+1$

2 階差数列と一般項

数列 $\{a_n\}$ の階差数列が $\{b_n\}$ であるとします．$n \geqq 2$ のとき，6 ⓐの両辺を1から $n-1$ まで加えると

$$\sum_{k=1}^{n-1} b_k = \sum_{k=1}^{n-1}(a_{k+1}-a_k) = -\sum_{k=1}^{n-1}(a_k - a_{k+1})$$

$$= -\{(a_1-a_2)+(a_2-a_3)+\cdots\cdots+(a_{n-1}-a_n)\} = a_n - a_1$$

－を付けて，項の順序を変えました

となりますから

$$n \geqq 2 \text{ のとき，} a_n = a_1 + \sum_{k=1}^{n-1} b_k \quad \cdots\cdots ⓑ$$

が成り立ちます．

$n=1$ で成り立つことは保証していません

例題 3 数列 $\{a_n\}$ において，$a_1=3$ であり，その階差数列 $\{b_n\}$ の一般項が $b_n=2n-5$ であるとき，数列 $\{a_n\}$ の一般項を求めよ．

解答 $n \geqq 2$ のとき

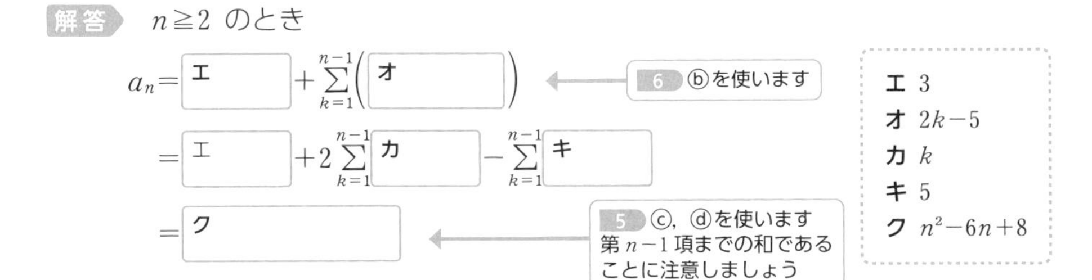

この式に $n=1$ を代入すると 3 となり，a_1 に一致する．
よって，すべての自然数 n について

$a_n=$ ク

である．

15 ▶解答 P.11

数列 $\{a_n\}$ が次の条件を満たしているとき，次の問いに答えよ． (北海学園大・改)

$a_1=0$，$a_{n+1}-a_n=6n+2$

(1) 数列 $\{a_n\}$ の一般項を求めよ．

(2) 数列 $\{a_n\}$ の初項から第 n 項までの和を S_n とするとき，$S_n>2017n$ を満たす最小の自然数 n を求めよ．

16 ▶解答 P.12

2 でも 3 でも割り切れない自然数を小さい順に並べた数列 $\{a_n\}$ について，次の各問いに答えよ． (静岡文化芸術大)

(1) 数列 $\{a_n\}$ の階差数列を $\{b_n\}$，$\{b_n\}$ の階差数列を $\{c_n\}$ とするとき，a_6，b_6，c_6 をそれぞれ求めよ．

(2) 数列 $\{a_n\}$ の一般項を求めよ．

7　数列の和と一般項

ここが大事！ 数列の和からもとの数列を求めることができます．ただし，初項を求める式だけは他と異なりますから注意が必要です．

1　数列の和と一般項

数列 $\{a_n\}$ において，$S_n=\sum_{k=1}^{n} a_k$ とすると，$n\geqq 2$ のとき

$$S_n-S_{n-1}=(a_1+a_2+\cdots\cdots+a_{n-1}+a_n)-(a_1+a_2+\cdots\cdots+a_{n-1})$$
$$=a_n$$

です．

また，$S_1=a_1$ ですから

$a_1=S_1$　……ⓐ

$n\geqq 2$ のとき，$a_n=S_n-S_{n-1}$　……ⓑ　← この式は $n=1$ では成り立たないことがありますので注意してください

が成り立ちます．

例題 4　数列 $\{a_n\}$ の初項から第 n 項までの和 S_n が

$$S_n=6n^2-2n+1\ (n=1,\ 2,\ 3,\ \cdots\cdots)$$

で表されるとき，一般項 a_n を n の式で表せ．

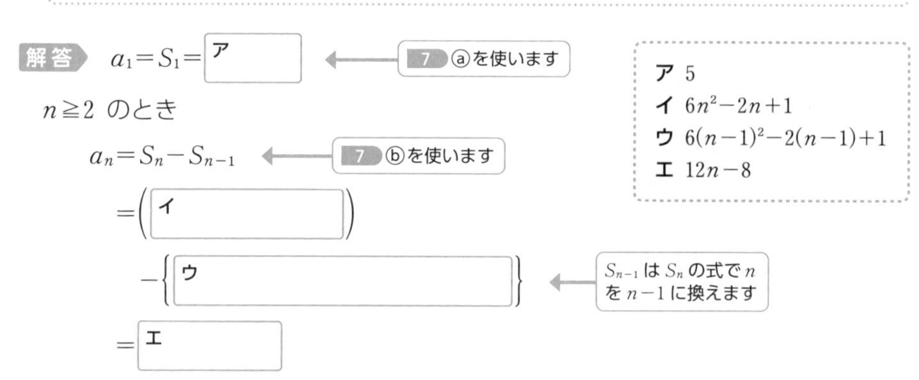

解答　$a_1=S_1=$ ア　← 7 ⓐを使います

$n\geqq 2$ のとき

$a_n=S_n-S_{n-1}$　← 7 ⓑを使います

$=($ イ $)$

$-\{$ ウ $\}$　← S_{n-1} は S_n の式で n を $n-1$ に換えます

$=$ エ

が成り立つ．

ア 5
イ $6n^2-2n+1$
ウ $6(n-1)^2-2(n-1)+1$
エ $12n-8$

この式に $n=1$ を代入すると 4 となり，a_1 に一致しない。

したがって

$a_1=$ [ア]

2以上の自然数 n について，$a_n=$ [エ]

である.

 練  習  問  題 

練習問題

17 ▶解答 P.14

数列 $\{a_n\}$ の初項から第 n 項までの和 S_n が $S_n=\frac{1}{3}n^3-\frac{5}{2}n^2+\frac{1}{6}n$ で表されるとき，次の問いに答えよ. （秋田大）

(1) 和 $a_{11}+a_{12}+a_{13}+\cdots\cdots+a_{20}$ を求めよ.

(2) 数列 $\{a_n\}$ の一般項を求めよ.

18 ▶解答 P.15

数列 $\{a_n\}$ の初項から第 n 項までの和が n^2-2n $(n=1,\ 2,\ \cdots\cdots)$ であるとする. このとき，一般項 a_n を n の式で表せ. また，$T_n=\sum_{k=1}^{n}a_{2k-1}$ を n の式で表せ.

（南山大）

8　いろいろな数列の和

ここが大事！　一般項がこれまでに取り上げた形で表されない数列でも，和を求めることができる場合があります．この節では2つの例について学びます．

1　等差数列と等比数列の積

等差数列と等比数列の積からなる数列の和は，3 2 の等比数列の和と同様に，等比数列の公比を掛けたものを引くことにより求めることができます．

例題 5　和 $4+7\cdot4+10\cdot4^2+\cdots\cdots+(3n+1)\cdot4^{n-1}$ を求めよ．　（早稲田大）

解答　求める和を S とすると，$n\geqq2$ のとき

$$S=4+7\cdot4+10\cdot4^2+\cdots\cdots+(3n+1)\cdot4^{n-1}$$

$$4S=\quad 4\cdot4+7\cdot4^2+10\cdot4^3+\quad\cdots\cdots\quad+(3n+1)\cdot4^n$$

より，S から $4S$ を引くと

$$S-4S=4+3\cdot4+3\cdot4^2+\cdots\cdots+\quad 3\cdot4^{n-1}-(3n+1)\cdot4^n$$

となる．

よって

3 ⓒを使います
項数に注意しましょう

$$-3S=4+\frac{\boxed{ア}\left(4^{\boxed{イ}}-1\right)}{4-1}-(3n+1)\cdot4^n$$

から

$$S=\boxed{ウ}$$

であり，これは $n=1$ のときも成り立つ．

ア 12
イ $n-1$
ウ $n\cdot4^n$

2　$a_n=f(n+l)-f(n)$（l は自然数）と表される数列

例題 6　和 $\displaystyle\sum_{k=1}^{99}\frac{1}{\sqrt{k+1}+\sqrt{k}}$ を求めよ．

解答　求める和を S とする．

分母を有理化すると

$$\frac{1}{\sqrt{k+1}+\sqrt{k}}=\frac{\sqrt{k+1}-\sqrt{k}}{(k+1)-k}=\sqrt{k+1}-\sqrt{k}=-(\sqrt{k}-\sqrt{k+1})$$

−を付けて，項の順序を変えました

であるから

$$S=-\left\{(\sqrt{1}-\sqrt{2})+(\sqrt{2}-\sqrt{3})+\cdots\cdots+\left(\sqrt{\boxed{\text{エ}}}-\sqrt{\boxed{\text{オ}}}\right)\right\}$$

$$=-\left(\sqrt{1}-\sqrt{\boxed{\text{オ}}}\right)=\boxed{\text{カ}}$$

である．

エ 99　**オ** 100　**カ** 9

$l=1$，すなわち数列$\{a_n\}$の一般項が $a_n=f(n+1)-f(n)$ の形で表されるとき，数列$\{a_n\}$は数列$\{f(n)\}$ $(n=1, 2, 3, \cdots\cdots)$の階差数列となります．

したがって，例題 6 は 6 ⓑ を用いて，次のように解くこともできます．

別解　求める和をSとする．

$\dfrac{1}{\sqrt{n+1}+\sqrt{n}}=\sqrt{n+1}-\sqrt{n}$ が成り立つので，数列$\left\{\dfrac{1}{\sqrt{n+1}+\sqrt{n}}\right\}$は数列$\{\sqrt{n}\}$の階差数列である．

このとき，数列$\{\sqrt{n}\}$の第100項$\sqrt{100}$は

$$\sqrt{100}=\sqrt{1}+\sum_{k=1}^{100-1}\frac{1}{\sqrt{k+1}+\sqrt{k}}$$

← 6 ⓑを使います

と表され，$10=1+S$ から，$S=10-1=9$ である．

例題 7　$\dfrac{1}{n(n+2)}=\dfrac{1}{2}\left(\dfrac{1}{n}-\dfrac{1}{n+2}\right)$ を用いて，次の数列の初項から第10項までの和を求めよ．

$$\frac{1}{1\cdot3},\ \frac{1}{2\cdot4},\ \frac{1}{3\cdot5},\ \cdots\cdots$$

解答　求める和をSとすると，与えられた等式から

$$S=\frac{1}{2}\left(\frac{1}{1}-\frac{1}{3}\right)+\frac{1}{2}\left(\frac{1}{2}-\frac{1}{4}\right)+\frac{1}{2}\left(\frac{1}{3}-\frac{1}{5}\right)+\cdots\cdots+\frac{1}{2}\left(\frac{1}{9}-\frac{1}{11}\right)+\frac{1}{2}\left(\frac{1}{10}-\frac{1}{12}\right)$$

$$=\frac{1}{2}\left(\frac{1}{1}+\frac{1}{2}+\frac{1}{3}+\cdots\cdots+\frac{1}{9}+\frac{1}{10}\right)-\frac{1}{2}\left(\frac{1}{3}+\frac{1}{4}+\frac{1}{5}+\cdots\cdots+\frac{1}{11}+\frac{1}{12}\right)$$

$$=\frac{1}{2}\left(\frac{1}{\boxed{\text{キ}}}+\frac{1}{\boxed{\text{ク}}}-\frac{1}{\boxed{\text{ケ}}}-\frac{1}{\boxed{\text{コ}}}\right)=\boxed{\text{サ}}$$

である．

キ 1　**ク** 2　**ケ** 11　**コ** 12　**サ** $\dfrac{175}{264}$

（**キ**と**ク**および**ケ**と**コ**は順不同）

19 ▶解答 P.16

$\displaystyle\sum_{k=2}^{2018}(-1)^{k+1}k$ の値を求めよ.　(小樽商科大)

20 ▶解答 P.17

$\displaystyle\sum_{k=1}^{2019}\frac{1}{k^2+5k+6}$ の値を求めよ.　(北見工業大)

21 ▶解答 P.17

$\displaystyle\sum_{k=1}^{48}\frac{1}{\sqrt{k}+\sqrt{k+2}}$ の値を求めよ.　(京都産業大)

22 ▶解答 P.18

数列 $\{a_n\}$ を初項 1，公差 2 の等差数列とし，数列 $\{b_n\}$ を初項 1，公比 2 の等比数列とする．このとき，次の問いに答えよ.　(高知大)

(1)　一般項 a_n を求めよ.

(2)　一般項 b_n を求めよ.

(3)　$S_n=\displaystyle\sum_{k=1}^{n}a_kb_k$ とするとき，S_n を n の式で表せ.

(4)　$T_n=\displaystyle\sum_{k=1}^{n}\frac{1}{a_ka_{k+1}}$ とするとき，T_n を n の式で表せ.

9 群数列

ここが大事！ 群数列では，各群に含まれる数の個数に注目し，その個数からできる数列を考えます．

1 群数列

数列をいくつかの区画（群）に分けたものを**群数列**といいます．数列 $\{a_n\}$ が群数列であるときには，数列の一般項に加えて，群に分ける規則も合わせて考える必要があります．この節では各群に含まれる項の個数を並べてできる数列（$\{t_n\}$）に着目して考えます．

例 1 次のように正の偶数からなる数列を，正の奇数個ずつ区切った群数列

第 1 群　第 2 群　第 3 群　第 4 群　第 5 群

2 ｜4, 6, 8｜10, 12, 14, 16, 18｜20, 22, 24, ……, 32｜34, ……

において，数列の第 1 項は 2，第 2 項は 4，第 3 項は 6，……，第 n 項は［ア］です．

第 k 群に含まれる項の個数を t_k とすると，$t_1=1$，$t_2=3$，$t_3=5$，……，$t_k=$［イ］であり，第 1 群から第 n 群までの項数を T_n とすれば，

（5 ⓒ，ⓓを使います）

$$T_n=\sum_{k=1}^{n}t_k=\sum_{k=1}^{n}(\text{［ウ］})=\text{［エ］}$$ です．

（第 $n-1$ 群までの項の総数は T_{n-1} です）

よって，$n\geqq 2$ のとき，第 $n-1$ 群の最後の項は第［オ］項です．

（$T_{n-1}+1$ です）（アから $2(T_{n-1}+1)$ です）

第 n 群の最初の項は第［カ］項，すなわち，［キ］であり，これは $n=1$ のときも成り立ちます．

ア $2n$
イ $2k-1$
ウ $2k-1$
エ n^2
オ $(n-1)^2$
（n^2-2n+1 も可）
カ n^2-2n+2
キ $2n^2-4n+4$

第 1 群　第 2 群　第 3 群　第 4 群　第 5 群

2 ｜4, 6, 8｜10, 12, 14, 16, 18｜20, 22, 24, ……, 32｜34, ……

⇑ 第 1+1 項　⇑ 第 (1+3)+1 項　⇑ 第 (1+3+5)+1 項　⇑ 第 (1+3+5+7)+1 項

このように，第 k 群に含まれる項数を用いて第 1 群から第 n 群までの項数，第 n 群の最初の項などを求めることができます．

例題 1　自然数の列 1，2，3，…… を次のように群に分ける．

第１群　　第２群　　　　　　第３群
$1,\ 2\ |\ 3,\ 4,\ 5,\ 6,\ 7\ |\ 8,\ 9,\ 10,\ 11,\ 12,\ 13,\ 14,\ 15\ |\ \cdots\cdots$

ここで，第 n 群 $(n=1,\ 2,\ 3,\ \cdots\cdots)$ は $3n-1$ 個の数からなるものとする．a_n を第 n 群に属する数の最初の数とし，S_n を第 n 群に属する数の総和とする．数列 $\{a_n\}$，$\{S_n\}$ について，次の問いに答えよ．

（同志社大・改）

(1)　a_5，a_6 を求めよ．
(2)　数列 $\{a_n\}$ の一般項 a_n を求めよ．
(3)　98 は第何群の小さい方から数えて何番目の項か．
(4)　数列 $\{S_n\}$ の一般項 S_n を求めよ．

APPROACH
（第 n 群の最初の項）＝（第 $n-1$ 群の最後の項の次の項）

解答　(1)　第１群から第４群までの項数は，$2+5+8+11=26$ であるから，

$a_5=$ ［ク］ である．　第１群から第４群までの項数です

第１群から第５群までの項数は，$26+14=40$ である

から，$a_6=$ ［ケ］ である．

(2)　第 k 群に含まれる項数は $3k-1$ である．
$n\geqq2$ のとき，第１群から第 $n-1$ 群までの項数は

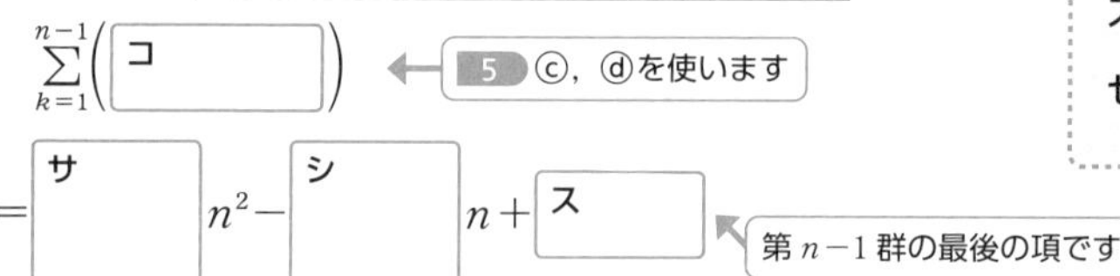

である．

よって，第 n 群の最初の数 a_n は，$a_n=$ ［セ］ である．

これは $n=1$ のときも成り立つ．

ク　27
ケ　41
コ　$3k-1$
サ　$\dfrac{3}{2}$
シ　$\dfrac{5}{2}$
ス　1
セ　$\dfrac{3}{2}n^2-\dfrac{5}{2}n+2$

(3)　98 が第 n 群に含まれる必要十分条件は，n が

$$a_n \leqq 98 \quad \cdots\cdots①$$

を満たす最大の自然数となることである.

(2)の結果を①に代入し，定数を右辺に移項して左辺を因数分解すると

$$n\left(n-\boxed{ソ}\right)\leqq 64 \quad \cdots\cdots②$$

となる.

$n=8$ のとき

$$8\cdot\left(8-\boxed{ソ}\right)<8\cdot 8$$

より，②は成り立ち，$n=9$ のとき

$$9\cdot\left(9-\boxed{ソ}\right)=66$$

より，②は成り立たない.

よって，98 は第 $\boxed{タ}$ 群に含まれる.

また，$a_{\boxed{タ}}=\boxed{チ}$ であるから，98 は第 $\boxed{タ}$ 群の小さい方から数えて $\boxed{ツ}$ 番目である.

第 n 群に属する数の数列を考えます

(4)　第 n 群は初項 a_n，公差 1，項数 $3n-1$ の等差数列であるから，その和 S_n は

$$S_n=\frac{1}{2}(3n-1)\{2a_n+(3n-2)\cdot 1\}$$

← 2 ⓓを使います

$$=\frac{1}{2}\boxed{テ}$$

← n の式で表します

である.

ソ　$\frac{5}{3}$
タ　8
チ　78
ツ　21
テ　$(9n^3-9n^2+8n-2)$
　　($(3n-1)(3n^2-2n+2)$ も可)

第3章 数列の応用

例題 2　数列が以下で与えられている．

$$\frac{1}{2},\ \frac{1}{4},\ \frac{3}{4},\ \frac{1}{8},\ \frac{3}{8},\ \frac{5}{8},\ \frac{7}{8},\ \frac{1}{16},\ \frac{3}{16},\ \frac{5}{16},\ \cdots\cdots,\ \frac{15}{16},\ \frac{1}{32},\ \cdots\cdots$$

分母の値が共通の項を1つの群とみなす．例えば，第5項の $\frac{3}{8}$ は，3番目の群に属する．このとき以下の問いに答えよ．　（西南学院大）

(1)　第40項は何番目の群に属するか．

(2)　k 番目の群に属する項の和を求めよ．

(3)　第1項から第40項までの和を求めよ．

解答　(1)　k 番目の群に属する分数の分母は $2^{[ト]}$ であり，分子は，分母より小さな正の奇数を小さい順に $2^{[ナ]}$ 個並べたものである．

答	
ト	k
ナ	$k-1$
ニ	1
ヌ	n
ネ	2^n-1
ノ	41
ハ	6

第1群　第2群　第3群　第4群

$$\frac{1}{2}\ \Big|\ \frac{1}{4},\ \frac{3}{4}\ \Big|\ \frac{1}{8},\ \frac{3}{8},\ \frac{5}{8},\ \frac{7}{8}\ \Big|\ \frac{1}{16},\ \frac{3}{16},\ \frac{5}{16},\ \cdots\cdots,\ \frac{15}{16}\ \Big|\ \frac{1}{32},\ \cdots\cdots$$

2^{1-1}個　2^{2-1}個　2^{3-1}個　2^{4-1}個

k 番目の群に含まれる項数は $2^{[ナ]}$ 個であるから，1番目の群から n 番目の群までの項数は

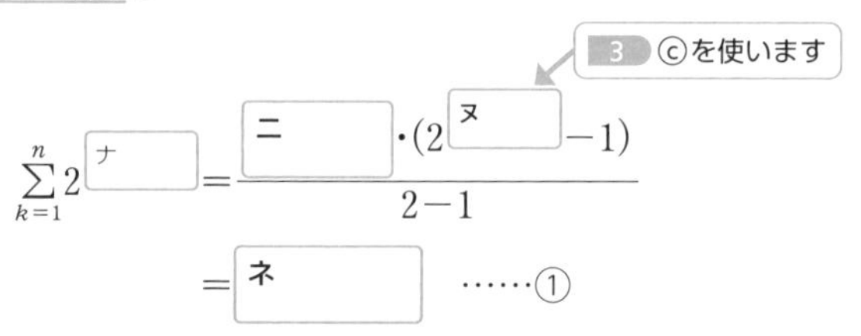

$$\sum_{k=1}^{n} 2^{[ナ]} = \frac{[ニ]\cdot(2^{[ヌ]}-1)}{2-1} = [ネ] \quad \cdots\cdots①$$

である．

よって，第40項が n 番目の群に属する必要十分条件は，n が

$$[ネ] \geqq 40 \quad \cdots\cdots②$$

を満たす最小の自然数となることである．

②は $2^{[ヌ]} \geqq [ノ]$ となり，②を満たす最小の自然数は $n=[ハ]$ であるから，第40項は [ハ] 番目の群に属する．

(2)　k 番目の群に属する分数の分母は $2^{\boxed{\text{ト}}}$ であり，分子は初項 1，公差 2，項数 $2^{\boxed{\text{ナ}}}$ の等差数列であるから，k 番目の群に属する項の和は

$$\frac{1}{2^{\boxed{\text{ト}}}}\cdot\frac{1}{2}\cdot 2^{\boxed{\text{ナ}}}\cdot\left\{2\cdot 1+\left(2^{\boxed{\text{ナ}}}-1\right)\cdot 2\right\}=2^{\boxed{\text{ヒ}}}$$

2 ⓓを使います

である．

(3)　①より，1 番目の群から 5 番目の群までの項数は $\boxed{\text{フ}}$ であるから，第 40 項は $\boxed{\text{ハ}}$ 番目の群の $\boxed{\text{ヘ}}$ 番目の項である．

ヒ	$k-2$
フ	31
ヘ	9
ホ	$\frac{1073}{64}$

よって，求める和は

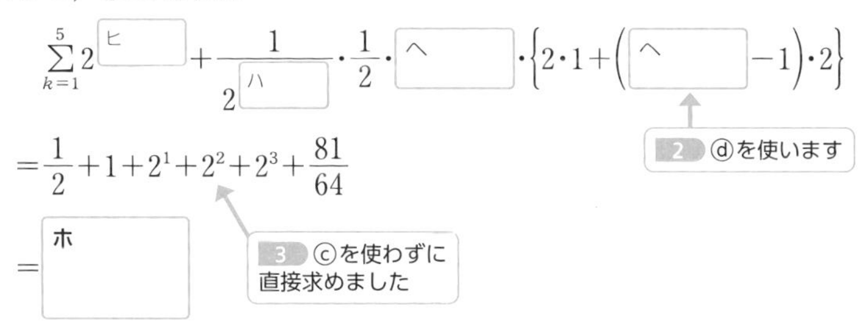

$$\sum_{k=1}^{5} 2^{\boxed{\text{ヒ}}}+\frac{1}{2^{\boxed{\text{ハ}}}}\cdot\frac{1}{2}\cdot\boxed{\text{ヘ}}\cdot\left\{2\cdot 1+\left(\boxed{\text{ヘ}}-1\right)\cdot 2\right\}$$

$$=\frac{1}{2}+1+2^1+2^2+2^3+\frac{81}{64}$$

$$=\boxed{\text{ホ}}$$

である．

練  習 問 題

23 ▶解答 P.19

1 から順に奇数を並べておいて，下のように，1 個，2^1 個，2^2 個，2^3 個，……と区画に分ける．

1 | 3，5 | 7，9，11，13 | 15，17，19，21，23，25，27，29 | 31，……

このとき，次の問いに答えよ．（防衛大）

(1)　第 n 番目の区画の最初の数を求めよ．

(2)　第 n 番目の区画に入る数の和を求めよ．

(3)　2017 は何番目の区画の何番目の数か．

24 ▶解答 P.19

数列

$$1,\ 2,\ 1,\ 2,\ 3,\ 2,\ 1,\ 2,\ 3,\ 4,\ 3,\ 2,\ 1,\ 2,\ 3,\ 4,\ 5,\ 4,\ \cdots\cdots$$

について，第 2017 項を求めよ．また，初項から第 2017 項までの和を求めよ．

（藤田医科大）

25 ▶解答 P.21

n を自然数とするとき，次の問いに答えよ．（高崎経済大）

(1) 数列

$$\frac{1}{1},\ \frac{1}{2},\ \frac{3}{2},\ \frac{1}{3},\ \frac{3}{3},\ \frac{5}{3},\ \frac{1}{4},\ \frac{3}{4},\ \frac{5}{4},\ \frac{7}{4},\ \frac{1}{5},\ \frac{3}{5},\ \frac{5}{5},\ \frac{7}{5},\ \frac{9}{5},\ \frac{1}{6},\ \cdots\cdots$$

について，第 n 項の値が $\frac{9}{11}$ と一致するような n を小さい方から 2 つ挙げよ．

(2) (1)の数列において，初項から初めて現れる $\frac{5}{9}$ までの項の和を求めよ．

26 ▶解答 P.21

ある規則に基づいてつくられた数列 $\{a_n\}$ の第 1 項から第 9 項は

$$0,\ 3,\ 8,\ 15,\ 24,\ 35,\ 48,\ 63,\ 80$$

である．また，この数列を

$$0,\ 3\,|\,8,\ 15,\ 24,\ 35\,|\,48,\ 63,\ 80,\ \cdots\cdots$$

のように第 m 番目の区画に 2^m 個の項が入るように分ける．なお，m と n は自然数とする．以下の問いに答えよ．（岐阜薬科大）

(1) 数列の一般項を求めよ．

(2) 初項から第 n 項までの和を求めよ．

(3) 第 m 番目の区画の最後の項を求めよ．

(4) 第 m 番目の区画に入る項の和を求めよ．

10 格子点の個数

ここが大事！ 条件を満たす格子点の個数を数えるには数列の和の考え方を使います.

1 格子点の個数

xy 平面において，x 座標，y 座標がともに整数である点を**格子点**といいます．領域に含まれる格子点の数は，次のように数えます.

(i) x（または y）の値の範囲を求める.

(ii) (i)の範囲内の x（または y）の整数値を定め，そのときに領域に含まれる格子点の数を求める.

(iii) (i)の範囲内で x（または y）の整数値を変化させ，(ii)で求めた格子点の数を足し合わせる.

例 2 連立不等式

$y \leqq x+1$ ……①，　$0 \leqq x \leqq 4$ ……②，　$y \geqq 0$ ……③

の表す領域に含まれる格子点の個数を求めましょう.

②から，$0 \leqq k \leqq 4$ を満たす整数 k を決め，x 座標が k である格子点の個数を数えます.

$x=k$ のとき，①，③より $0 \leqq y \leqq k+1$ です.

ここで，$k+1$ は整数ですから，この不等式を満たす y の整数値の個数，すなわち，直線 $x=k$ 上にある格子点の個数は

$(k,\ 0),\ (k,\ 1),\ \cdots\cdots,\ (k,\ k+1)$

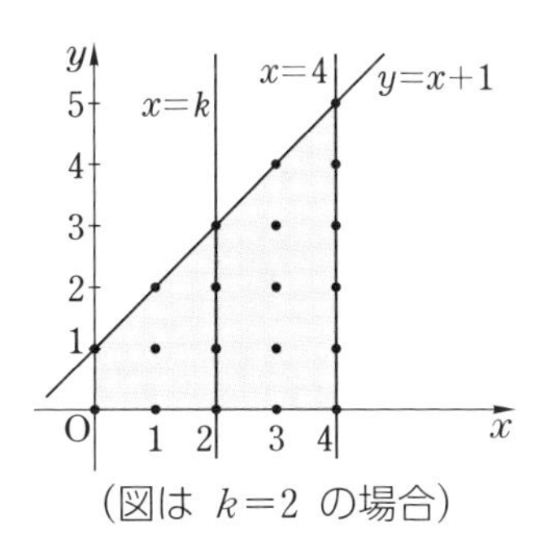

(図は $k=2$ の場合)

の  個です.

0 から $k+1$ までの整数の個数は $(k+1)-0+1$ となります

したがって，整数 k の値を 0 から 4 まで変化させて，格子点の個数を足し合わせれば，領域に含まれる格子点の個数は

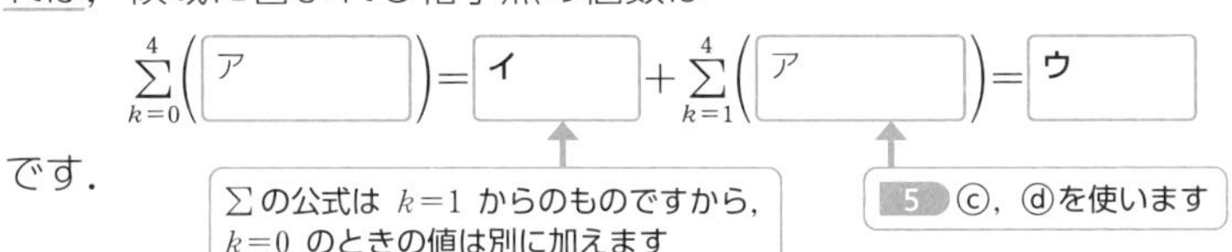

$$\sum_{k=0}^{4}\left(\boxed{ア}\right)=\boxed{イ}+\sum_{k=1}^{4}\left(\boxed{ア}\right)=\boxed{ウ}$$

です.

$\sum$ の公式は $k=1$ からのものですから，$k=0$ のときの値は別に加えます

5 ⓒ，ⓓを使います

ア $k+2$
イ 2
ウ 20

例題 3　次の連立不等式の表す領域に含まれる格子点の個数を求めよ．

(1)　$2x+y\leqq 60$　……①，　$x\geqq 0$　……②，　$y\geqq 0$　……③

(2)　$y\geqq x^2-2nx$　……④，　$y\leqq -x^2+4nx$　……⑤（n は正の整数）

解答　(1)　①より

$y\leqq 2(30-x)$　……①′

であるから，③を考えると，$x\leqq$ ［エ］ となる．

したがって，②と合わせて

$0\leqq x\leqq$ ［エ］

である．

k を $0\leqq k\leqq$ ［エ］ を満たす整数とする．

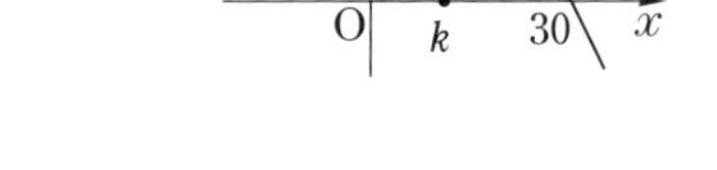

$x=k$ のとき，③，①′ より，$0\leqq y\leqq 2(30-k)$ であるから，これを満たす y の整数値は ［オ］ 個ある．

$2(30-k)-0+1$ です

よって，①〜③の表す領域に含まれる格子点の個数は

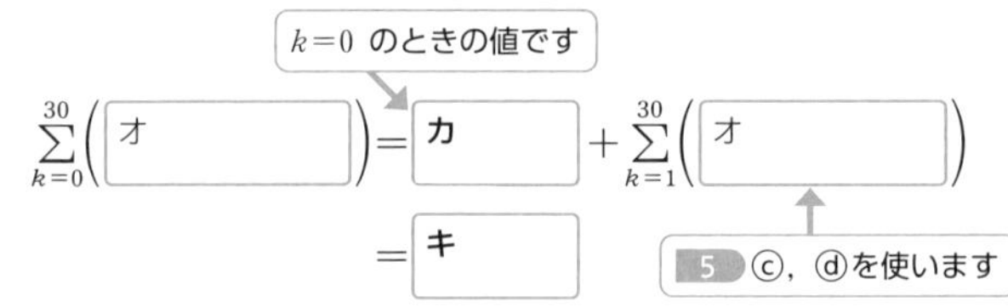

$$\sum_{k=0}^{30}(\text{［オ］})=\text{［カ］}+\sum_{k=1}^{30}(\text{［オ］})$$

$$=\text{［キ］}$$

である．

エ 30
オ $61-2k$
カ 61
キ 961

(2)　④，⑤を満たす y が存在する条件は，$x^2-2nx\leqq -x^2+4nx$ が成り立つことである．

よって，$2x(x-3n)\leqq 0$ であり，n は正の整数より

$0\leqq x\leqq$ ［ク］

である．

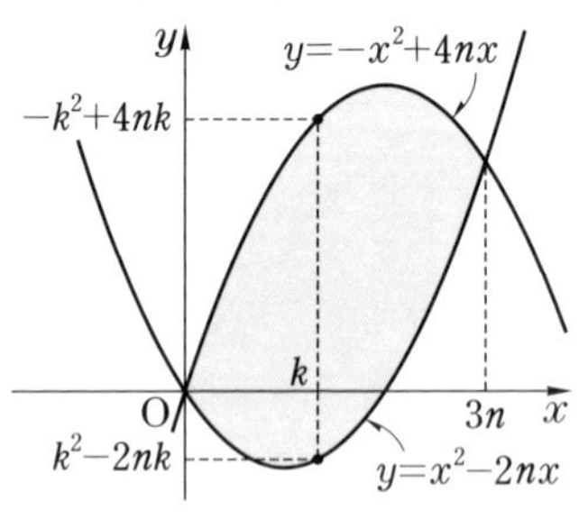

k を $0\leqq k\leqq$ ［ク］ を満たす整数とする．

$x=k$ のとき，

$k^2-2nk\leqq y\leqq -k^2+4nk$ であるから，これを満たす y の整数値の個数は

$(-k^2+4nk)-(k^2-2nk)+1=$ ［ケ］

ク $3n$
ケ $-2k^2+6nk+1$

である．

よって，④，⑤の表す領域に含まれる格子点の個数は

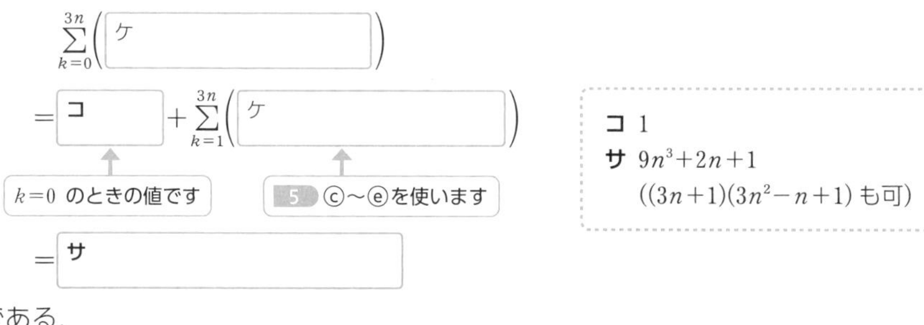

である．

コ 1

サ $9n^3+2n+1$

$((3n+1)(3n^2-n+1)$ も可$)$

例題 4 n を自然数として，格子点 $\mathrm{O}(0,\ 0)$，$\mathrm{A}(5n,\ 0)$，$\mathrm{B}(5n,\ 3n)$，$\mathrm{C}(0,\ 3n)$ をとる．このとき，次の格子点の総数を求めよ．（東京女子大）

(1) 長方形 OABC の内部または周上にある格子点

(2) 線分 AC 上の格子点

(3) $x \geqq 0$，$y \geqq 0$，$3x+5y<15n$ を満たす格子点 $(x,\ y)$

解答 (1) 長方形の内部または周上にある格子点は，その座標 $(x,\ y)$ が $0 \leqq x \leqq 5n$，$0 \leqq y \leqq 3n$ を満たす整数となる点であるから，その総数は

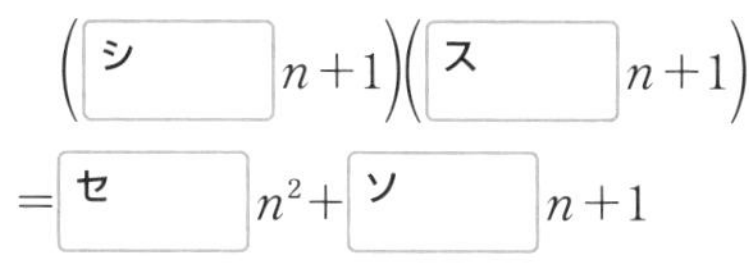

である．

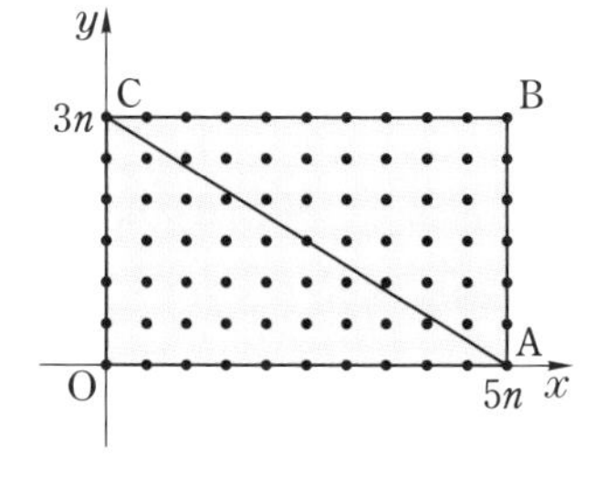

(2) 直線 AC の y 切片は タ ，傾きは チ であるから，

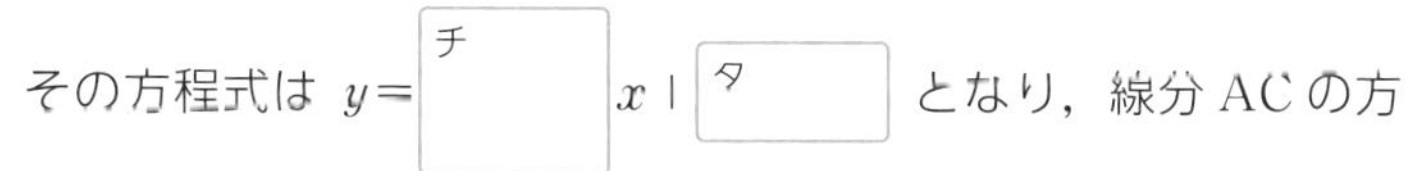

その方程式は $y=$ チ $x+$ タ となり，線分 AC の方程式は

ツ $x+$ テ $y=15n$ $(0 \leqq x \leqq 5n)$ ……①

と表される．

したがって，線分 AC 上の格子点の個数は①を満たす整数の組 $(x,\ y)$ の個数に等しい．

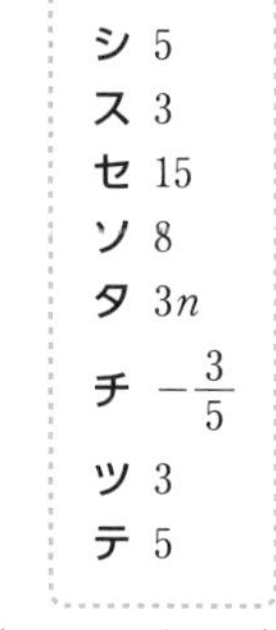

（シとスは順不同）

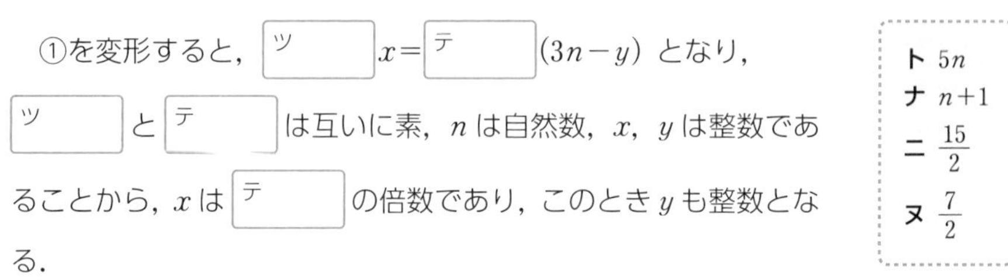

①を変形すると，［ツ］$x=$［テ］$(3n-y)$ となり，［ツ］と［テ］は互いに素，n は自然数，x，y は整数であることから，x は［テ］の倍数であり，このとき y も整数となる．

ト　$5n$
ナ　$n+1$
ニ　$\frac{15}{2}$
ヌ　$\frac{7}{2}$

よって，$0\leqq x\leqq 5n$ より，①を満たす整数の組 $(x,\ y)$ の x の値は

［テ］$\cdot 0$，［テ］$\cdot 1$，［テ］$\cdot 2$，……，［ト］

の［ナ］個であるから，線分 AC 上の格子点の総数は［ナ］である．

(3)　(2)で求めたように，線分 AC の方程式は①で表されるから，連立不等式 $x\geqq 0$，$y\geqq 0$，$3x+5y<15n$ は直角三角形 OAC の周および内部から斜辺 AC を除いた図形を表す．

また，長方形 OABC は線分 AC により 2 つの直角三角形 OAC，BCA に分割され，これらの直角三角形の内部または周上にある格子点は，長方形の 2 つの対角線 AC，OB の交点について対称である．

したがって，与えられた不等式を満たす格子点の個数は，長方形 OABC の内部または周上にある格子点の個数から，線分 AC 上の格子点の個数を引いたものの半分である．

よって，(1)，(2)の結果から，求める格子点の総数は

$$\frac{1}{2}\left\{\left(\boxed{セ}\,n^2+\boxed{ソ}\,n+1\right)-\left(\boxed{ナ}\right)\right\}$$

$$=\boxed{ニ}\,n^2+\boxed{ヌ}\,n$$

である．

27 ▶解答 P.23

n を自然数とする．xy 平面において，次の連立不等式の表す領域を D_n とする．

$$x \geqq 0, \quad x \leqq n, \quad y \geqq 2^x, \quad y \leqq 2^n$$

D_n の内部および周上における格子点の個数を S_n とするとき，以下の問いに答えよ．

(1) $n=3$ のときの領域 D_3 を図示せよ．また S_3 の値を求めよ．

(2) $n \geqq 1$ のとき，

(i) k を $0 \leqq k \leqq n$ を満たす整数とする．D_n の内部および周上において，x 座標の値が k に等しい格子点の個数を k，n の式で表せ．

(ii) S_n を n の式で表せ．

28 ▶解答 P.24

m を正の整数とするとき，放物線 $y=x^2-2mx+m^2$ と x 軸および y 軸によって囲まれた図形を D とする．次の問いに答えよ．（東北大）

(1) D の周上の格子点の数 L_m を m で表せ．

(2) D の周上および内部の格子点の数 T_m を m で表せ．

29 ▶解答 P.25

正の整数 n に対して，連立不等式 $y<2x$，$y>\dfrac{1}{2}x$，$y<-x+3n$ の表す領域にある格子点の個数を a_n とする．例えば，$n=1$ のときはそのような格子点は $(1,\ 1)$ のみになるので $a_1=1$ である．このとき，次の問いに答えよ．（岡山理科大）

(1) a_2，a_3，a_4 の値をそれぞれ求めよ．

(2) a_{n+1} を a_n を用いて表せ．

(3) a_n を n の式で表せ．

30 ▶解答 P.27

3 本の直線 $2x+3y=6n$（n は自然数），$x=0$，および $y=0$ で囲まれる三角形の周および内部にあるすべての格子点の総数を求めよ．（埼玉大）

11 漸化式の基本

数列において，初項と，第n項から第$n+1$項を求める方法が与えられていれば，初項から第2項，第2項から第3項と，順に項を求めていくことができます．このとき，第n項をnの式で表すことを考えます．

1 漸化式

数列$\{a_n\}$において，a_{n+1}がa_nによって決まるとき，その関係を表す式を**漸化式**といいます．

（2 ⓐです）

例1 $a_1=a$，$a_{n+1}=a_n+d$（$n=1$，2，3，……）によって決まる数列$\{a_n\}$は，初項 ア ，公差 イ の等差数列です．

（2 ⓑを使います）

数列$\{a_n\}$の一般項は，$a_n=$ ウ です．

（3 ⓐです）

例2 $a_1=a$，$a_{n+1}=ra_n$（$n=1$，2，3，……）によって決まる数列$\{a_n\}$は，初項 エ ，公比 オ の等比数列です．

（3 ⓑを使います）

数列$\{a_n\}$の一般項は，$a_n=$ カ です．

（6 ⓐです）

例3 $a_1=a$，$a_{n+1}-a_n=b_n$（$n=1$，2，3，……）によって決まる数列$\{a_n\}$は，初項がaでその階差数列が$\{b_n\}$である数列です．

（6 ⓑを使います）

数列$\{a_n\}$の一般項は，$n\geqq 2$のとき，$a_n=$ キ です．

ア a
イ d
ウ $a+(n-1)d$
エ a
オ r
カ ar^{n-1}
キ $a+\sum_{k=1}^{n-1}b_k$

例1は**例3**において，$b_n=d$（$n=1$，2，3，……）としたものと考えることもできます．

漸化式から数列の一般項を求めるときには，何らかの変形をして，**例2**または**例3**に帰着させます．

12 $a_{n+1}=(a_n$ の1次式) その1

ここが大事！ この節では，a_{n+1} が a_n の1次式で表される場合に，11 例2 または 11 例3 を利用して数列 $\{a_n\}$ の一般項を求める方法を学びます．

1 $a_{n+1}=pa_n+q$ ($p\neq0$, 1, $q\neq0$)

各項から定数 α を引いて，数列 $\{a_n-\alpha\}$ を等比数列にすることができれば，11 例2 のように 3 ⓑを用いて数列 $\{a_n-\alpha\}$ の一般項を求めることができます．

そこで，$b_n=a_n-\alpha$ ($n=1$, 2, 3, ……) となる数列 $\{b_n\}$ を考えると，$a_n=b_n+\alpha$ ($n=1$, 2, 3, ……) ですから，漸化式 $a_{n+1}=pa_n+q$ より

$$b_{n+1}+\alpha=p(b_n+\alpha)+q$$

$$b_{n+1}+\alpha=pb_n+(p\alpha+q)$$

が成り立ちます．

よって，α が関係式 $\alpha=p\alpha+q$ ……① を満たせば，数列 $\{b_n\}$，すなわち，数列 $\{a_n-\alpha\}$ は公比 p の等比数列になります．ここで，①は漸化式において a_{n+1} と a_n をともに α とおいてできる式です．

例題 1 数列 $\{a_n\}$ が，$a_1=2$，$a_{n+1}=-2a_n+3$ ($n=1$, 2, 3, ……) を満たすとき，一般項 a_n を求めよ． (中央大)

解答 $\alpha=-2\alpha+3$ より，$\alpha=$ [ア] である． ← この行は解答に書かないことが多いです

漸化式の両辺から [ア] を引くと

$$a_{n+1}-\boxed{ア}=-2a_n+3-\boxed{ア}$$

$$=-2\left(a_n-\boxed{ア}\right)$$

が成り立つ．

したがって，数列 $\left\{a_n-\boxed{ア}\right\}$ は初項

$a_1-\boxed{ア}=\boxed{イ}$，公比 [ウ] の等比数列であり

$$a_n-\boxed{ア}=\boxed{エ}$$ ← 3 ⓑを使います

となる．

よって

ア 1
イ 1
ウ -2
エ $(-2)^{n-1}$

第4章 漸化式

$a_n=$ [オ]

である．

オ $(-2)^{n-1}+1$

2　$a_{n+1}=a_n+q(n)$

$a_{n+1}-a_n=q(n)$ より，数列 $\{a_n\}$ の階差数列の一般項が $q(n)$ になります．よって，$\sum_{k=1}^{n-1} q(k)$ を求めることができれば，11 例3 のように，6 ⓑを用いて数列 $\{a_n\}$ の一般項を求めることができます．

例題 2　数列 $\{a_n\}$ が，$a_1=4$，$a_{n+1}=a_n+18n+6$ $(n=1,\ 2,\ 3,\ \cdots\cdots)$ を満たすとき，一般項 a_n を求めよ．　（弘前大・改）

解答　$a_{n+1}-a_n=18n+6$ であるから，数列 $\{a_n\}$ の階差数列を $\{b_n\}$ とすれば，

$b_n=$ [カ] となる．

したがって，$n\geqq 2$ のとき

$$a_n=a_1+\sum_{k=1}^{n-1} b_k$$

← 6 ⓑを使います

$$=\boxed{キ}+\sum_{k=1}^{n-1}\left(\boxed{ク}\right)$$

$$=\boxed{ケ}$$

← 5 ⓒ，ⓓを使います

である．

この式に $n=1$ を代入すると，a_1 に一致するので

← $n=1$ の場合を確認します

$a_n=$ [ケ]

である．

カ $18n+6$
キ 4
ク $18k+6$
ケ $9n^2-3n-2$
（$(3n-2)(3n+1)$ も可）

3　$a_{n+1}=pa_n+q(n)$ $(p\neq 0,\ 1)$ その1

$a_{n+1}=pa_n+q(n)$ の両辺を p^{n+1} で割ると，$\dfrac{a_{n+1}}{p^{n+1}}=\dfrac{pa_n}{p^{n+1}}+\dfrac{q(n)}{p^{n+1}}$ になります．

ここで，$b_n=\dfrac{a_n}{p^n}$ $(n=1,\ 2,\ 3,\ \cdots\cdots)$ とおくと，$\dfrac{a_{n+1}}{p^{n+1}}=b_{n+1}$，$\dfrac{pa_n}{p^{n+1}}=\dfrac{a_n}{p^n}=b_n$ ですから，漸化式から $b_{n+1}=b_n+\dfrac{q(n)}{p^{n+1}}$ が得られ，**2** の解法が利用できます．

例題 3 数列 $\{a_n\}$ が，$a_1=\dfrac{13}{2}$，$a_{n+1}=6a_n-2^n$ $(n=1,\ 2,\ 3,\ \cdots\cdots)$ を満たすとき，一般項 a_n を求めよ.

解答 漸化式の両辺を 6^{n+1} で割ると

$$\frac{a_{n+1}}{6^{n+1}}=\frac{6a_n}{6^{n+1}}-\frac{2^n}{6^{n+1}}=\frac{a_n}{6^n}-\frac{1}{2}\cdot\left(\frac{1}{3}\right)^{n+1}$$

となる.

$\dfrac{2^n}{6^{n+1}}=\dfrac{2^{n+1}}{2\cdot6^{n+1}}=\dfrac{1}{2}\cdot\left(\dfrac{2}{6}\right)^{n+1}$ です

ここで，$\dfrac{a_n}{6^n}=b_n$ $(n=1,\ 2,\ 3,\ \cdots\cdots)$ とおくと，漸化式は

$$b_{n+1}=b_n-\frac{1}{2}\cdot\left(\frac{1}{3}\right)^{n+1}$$

すなわち

$$b_{n+1}-b_n=-\frac{1}{2}\cdot\left(\frac{1}{3}\right)^{n+1}$$

となり，数列 $\{b_n\}$ の階差数列は $\left\{-\dfrac{1}{2}\cdot\left(\dfrac{1}{3}\right)^{n+1}\right\}$ である.

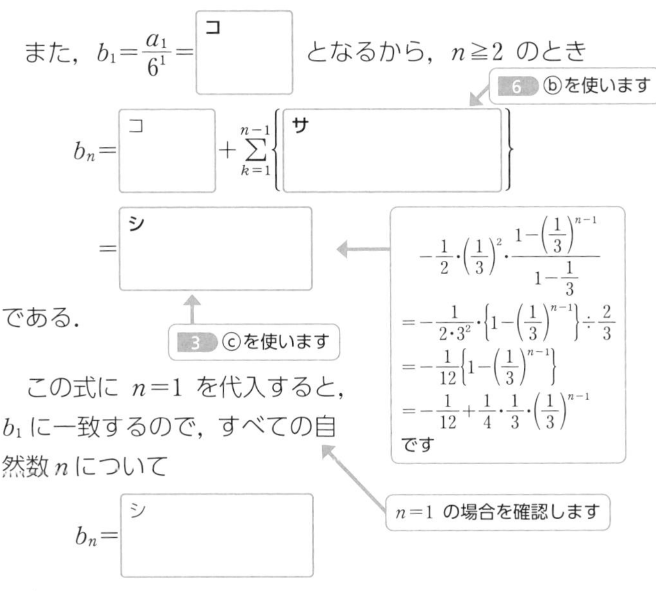

また，$b_1=\dfrac{a_1}{6^1}=$ [コ] となるから，$n\geqq2$ のとき

$$b_n=[\text{コ}]+\sum_{k=1}^{n-1}\{[\text{サ}]\}$$

（6 ⓑを使います）

$$=[\text{シ}]$$

である.（3 ⓒを使います）

$$-\frac{1}{2}\cdot\left(\frac{1}{3}\right)^2\cdot\frac{1-\left(\frac{1}{3}\right)^{n-1}}{1-\frac{1}{3}}$$
$$=-\frac{1}{2\cdot3^2}\cdot\left\{1-\left(\frac{1}{3}\right)^{n-1}\right\}\div\frac{2}{3}$$
$$=-\frac{1}{12}\left\{1-\left(\frac{1}{3}\right)^{n-1}\right\}$$
$$=-\frac{1}{12}+\frac{1}{4}\cdot\frac{1}{3}\cdot\left(\frac{1}{3}\right)^{n-1}$$
です

この式に $n=1$ を代入すると，b_1 に一致するので，すべての自然数 n について

（$n=1$ の場合を確認します）

$$b_n=[\text{シ}]$$

である.

したがって

$$a_n=6^n\cdot b_n=[\text{ス}]$$

である.

$6^n\cdot\left(\dfrac{1}{3}\right)^n=\left(6\cdot\dfrac{1}{3}\right)^n=2^n$ です

コ $\dfrac{13}{12}$

サ $-\dfrac{1}{2}\cdot\left(\dfrac{1}{3}\right)^{k+1}$

シ $1+\dfrac{1}{4}\cdot\left(\dfrac{1}{3}\right)^n$

ス 6^n+2^{n-2}

練 習 問 題

31 ▶解答 P.30

数列 $\{a_n\}$ が，次の条件を満たすとき，一般項 a_n を求めよ．

(1)　$a_1=1$，$2a_{n+1}=a_n+2$ $(n=1,\ 2,\ 3,\ \cdots\cdots)$　(岩手大)

(2)　$a_1=\dfrac{5}{13}$，$a_{n+1}=\dfrac{1}{3}a_n+\dfrac{1}{7}$ $(n=1,\ 2,\ 3,\ \cdots\cdots)$　(九州歯科大)

32 ▶解答 P.31

数列 $\{a_n\}$ が，次の条件を満たすとき，一般項 a_n を求めよ．

(1)　$a_1=-28$，$a_{n+1}=a_n+9n^2-85n-28$ $(n=1,\ 2,\ 3,\ \cdots\cdots)$　(横浜国立大)

(2)　$a_1=2$，$a_{n+1}=a_n+2^n-6n$ $(n=1,\ 2,\ 3,\ \cdots\cdots)$

33 ▶解答 P.32

数列 $\{a_n\}$ が，$a_1=3$，$a_{n+1}=-\dfrac{7}{8}a_n+(-1)^n$ を満たすとき，一般項 a_n を求めよ．

13 $a_{n+1}=(a_n$ の1次分数式) その1

数列 $\left\{\frac{1}{a_n}\right\}$ を考えると 11 例1 や 12 1 などの解法が利用できる場合があります.

1 $a_{n+1}=\dfrac{pa_n}{a_n+p}$ $(p \neq 0)$

$a_{n+1}=\dfrac{pa_n}{a_n+p}$ の両辺の逆数をとると, $\dfrac{1}{a_{n+1}}=\dfrac{a_n+p}{pa_n}=\dfrac{1}{a_n}+\dfrac{1}{p}$ です.

よって, 数列 $\left\{\dfrac{1}{a_n}\right\}$ を考えると, 11 例1 の解法が利用できます.

例題 4 数列 $\{a_n\}$ が, $a_1=1$, $a_{n+1}=\dfrac{2a_n}{a_n+2}$ $(n=1,\ 2,\ 3,\ \cdots\cdots)$ を満たすとき, 一般項 a_n を求めよ. (成蹊大)

解答 漸化式から, $a_n \neq 0$ であるとき $a_{n+1} \neq 0$ であるので, $a_1 \neq 0$ より, 数列 $\{a_n\}$ の各項は 0 とならない.

したがって, 漸化式の両辺の逆数をとると

$$\frac{1}{a_{n+1}}=\frac{a_n+2}{2a_n}=\frac{1}{a_n}+\frac{1}{2}$$

← 2 ⓐです

となり, 数列 $\left\{\dfrac{1}{a_n}\right\}$ は初項 $\dfrac{1}{a_1}=$ ア, 公差 イ の等差数列である.

よって

2 ⓑを使います

$$\frac{1}{a_n}=\boxed{ア}+(n-1)\cdot\boxed{イ}=\boxed{ウ}$$

から

$$a_n=\boxed{エ}$$

である.

ア 1
イ $\dfrac{1}{2}$
ウ $\dfrac{n+1}{2}$
エ $\dfrac{2}{n+1}$

2　$a_{n+1}=\dfrac{pa_n}{a_n+r}$ $(p\neq 0,\ r\neq 0,\ p\neq r)$

$a_{n+1}=\dfrac{pa_n}{a_n+r}$ の両辺の逆数をとると，$\dfrac{1}{a_{n+1}}=\dfrac{a_n+r}{pa_n}=\dfrac{r}{p}\cdot\dfrac{1}{a_n}+\dfrac{1}{p}$ です．

よって，数列 $\left\{\dfrac{1}{a_n}\right\}$ を考えると，12 1 の解法が利用できます．

例題 5　数列 $\{a_n\}$ が，$a_1=2$，$a_{n+1}=\dfrac{2a_n}{a_n+1}$ $(n=1,\ 2,\ 3,\ \cdots\cdots)$ を満たすとき，次の問いに答えよ．　（南山大）

(1)　$b_n=\dfrac{1}{a_n}$ とおくとき，b_{n+1} を b_n で表せ．

(2)　数列 $\{a_n\}$ の一般項を求めよ．

解答　(1)　漸化式から，$a_n\neq 0$ であるとき $a_{n+1}\neq 0$ であるので，$a_1\neq 0$ より，数列 $\{a_n\}$ の各項は 0 とならない．

したがって，漸化式の両辺の逆数をとると

$$\frac{1}{a_{n+1}}=\frac{a_n+1}{2a_n}=\frac{1}{2}\cdot\frac{1}{a_n}+\frac{1}{2}$$

（$a_{n+1}=\dfrac{1}{b_{n+1}}$，$a_n=\dfrac{1}{b_n}$ を漸化式に代入して導くこともできます）

となり，$b_{n+1}=$ [オ] b_n+ [カ] である．

(2)　$\alpha=$ [オ] $\alpha+$ [カ] を解くと，

$\alpha=$ [キ] である．

（この2行は解答に書かないことが多いです）

(1)で求めた漸化式の両辺から [キ] を引くと

$b_{n+1}-$ [キ] $=$ [オ] $(b_n-$ [キ] $)$

より，数列 $\{b_n-$ [キ] $\}$ は初項 b_1- [キ] $=\dfrac{1}{a_1}-$ [キ] $=$ [ク]，公比 [オ] の等比数列で，一般項は

$b_n-1=$ [ケ]　（3 ⓑを使います）

オ $\dfrac{1}{2}$
カ $\dfrac{1}{2}$
キ 1
ク $-\dfrac{1}{2}$
ケ $-\left(\dfrac{1}{2}\right)^n$

である．

よって，$b_n=$ ケ［　　］ $+1$ から

$a_n=\dfrac{1}{b_n}=$ コ［　　］　← $\dfrac{1}{-\left(\frac{1}{2}\right)^n+1}$ の分母と分子に 2^n を掛けます

である．

コ $\dfrac{2^n}{2^n-1}$

練習問題

34 ▶解答 P.33

数列 $\{a_n\}$ が次の関係式を満たすとき，一般項 a_n を求めよ．（日本医科大）

$$a_1=\frac{1}{2},\ a_{n+1}=\frac{a_n}{3a_n+1}\ (n=1,\ 2,\ 3,\ \cdots\cdots)$$

35 ▶解答 P.33

数列 $\{a_n\}$ が次の関係式を満たすとき，一般項 a_n を求めよ．

$$a_1=\frac{1}{3},\ a_{n+1}=\frac{7a_n}{8a_n+3}\ (n=1,\ 2,\ 3,\ \cdots\cdots)$$

36 ▶解答 P.34

数列 $\{a_n\}$ が次の関係式を満たすとき，一般項 a_n を求めよ．

$$a_1=1,\ a_{n+1}=\frac{a_n}{2na_n+1}\ (n=1,\ 2,\ 3,\ \cdots\cdots)$$

14　$a_{n+2}=(a_{n+1}$，a_n の1次式)

ここが大事！　漸化式が $a_{n+2}+pa_{n+1}+qa_n=0$ の形で表される場合は，x の2次方程式 $x^2+px+q=0$ の解 α を用いると，数列 $\{a_{n+1}-\alpha a_n\}$ が等比数列になることを利用します．

1　$x^2+px+q=0$ が2つの異なる解を持つ場合

漸化式が $a_{n+2}+pa_{n+1}+qa_n=0$ で与えられたとき，x の2次方程式 $x^2+px+q=0$ の異なる2つの解を α，β とすると，解と係数の関係から $\alpha+\beta=-p$，$\alpha\beta=q$ が成り立ちます．

このとき，漸化式は $a_{n+2}-(\alpha+\beta)a_{n+1}+\alpha\beta a_n=0$ となり

$$a_{n+2}-\alpha a_{n+1}=\beta(a_{n+1}-\alpha a_n),\quad a_{n+2}-\beta a_{n+1}=\alpha(a_{n+1}-\beta a_n)$$

と変形できます．よって，数列 $\{a_{n+1}-\alpha a_n\}$ は公比 β の，数列 $\{a_{n+1}-\beta a_n\}$ は公比 α の等比数列になります．

①　x の2次方程式 $x^2+px+q=0$ の解を α，β とする．
②　数列 $\{a_{n+1}-\alpha a_n\}$，数列 $\{a_{n+1}-\beta a_n\}$ の一般項を求める．
③　②から a_{n+1} を消去して a_n を求める．
の流れを意識しながら解きましょう．

例題 6　数列 $\{a_n\}$ が関係式

$$a_1=1,\ a_2=6,\ a_{n+2}-5a_{n+1}+6a_n=0\ (n=1,\ 2,\ 3,\ \cdots\cdots)$$

を満たしているとき，次の問いに答えよ．　（関東学院大・改）

(1)　2次方程式 $x^2-5x+6=0$ の解 α，β（ただし，$\alpha<\beta$）を求めよ．
(2)　$b_n=a_{n+1}-\alpha a_n$（$n=1,\ 2,\ 3,\ \cdots\cdots$）とおくとき，$b_n$ を n の式で表せ．
(3)　$c_n=a_{n+1}-\beta a_n$（$n=1,\ 2,\ 3,\ \cdots\cdots$）とおくとき，$c_n$ を n の式で表せ．
(4)　a_n を n の式で表せ．

解答　(1)　左辺を因数分解すると，

［ア　　］$=0$ となるので，$\alpha<\beta$ から，

$\alpha=$［イ　］，$\beta=$［ウ　］である．

ア $(x-2)(x-3)$
　（$(x-3)(x-2)$ も可）
イ 2
ウ 3

(2)　$a_{n+2}=5a_{n+1}-6a_n$ より

$$b_{n+1}=a_{n+2}-\boxed{イ}a_{n+1}=(5a_{n+1}-6a_n)-\boxed{イ}a_{n+1}$$

$$=\boxed{エ}\left(a_{n+1}-\boxed{イ}a_n\right)=\boxed{エ}b_n$$

である.

また, $b_1=a_2-\boxed{イ}a_1=\boxed{オ}$ であるから, 数列 $\{b_n\}$ は初項 $\boxed{オ}$, 公比 $\boxed{エ}$ の等比数列で,

$b_n=\boxed{カ}$ である.

エ 3
オ 4
カ $4\cdot3^{n-1}$
キ 2
ク 3
ケ $3\cdot2^{n-1}$
コ $4\cdot3^{n-1}-3\cdot2^{n-1}$

(3)　(2)と同様にして　3 ⓑを使います

$$c_{n+1}=a_{n+2}-\boxed{ウ}a_{n+1}=(5a_{n+1}-6a_n)-\boxed{ウ}a_{n+1}$$

$$=\boxed{キ}\left(a_{n+1}-\boxed{ウ}a_n\right)=\boxed{キ}c_n$$

である.

また, $c_1=a_2-\boxed{ウ}a_1=\boxed{ク}$ であるから, 数列 $\{c_n\}$ は初項 $\boxed{ク}$, 公比 $\boxed{キ}$ の等比数列で, $c_n=\boxed{ケ}$ である.

3 ⓑを使います

(4)　(2), (3)の結果から

$$a_{n+1}-\boxed{イ}a_n=\boxed{カ}　\cdots\cdots①$$

$$a_{n+1}-\boxed{ウ}a_n=\boxed{ケ}　\cdots\cdots②$$

が成り立つ.

したがって, ①−② によって a_{n+1} を消去すると

$$a_n=\boxed{コ}$$

である.

【参考】 (2)の結果 $a_{n+1}-2a_n=b_n=4\cdot3^{n-1}$ だけを用いても, 12 3 の方法により, 数列 $\{a_n\}$ の一般項を求めることができる.

2　$x^2+px+q=0$ が重解を持つ場合

a_{n+1} と a_n の漸化式が 1 つしか得られませんから，1 の【参考】で示したように，12 3 の方法を用います．

例題 7　数列 $\{a_n\}$ は

$$a_1=1,\ a_2=3,\ a_{n+2}=4a_{n+1}-4a_n\ (n=1,\ 2,\ 3,\ \cdots\cdots)$$

を満たすとし，数列 $\{b_n\}$ を $b_n=a_{n+1}-2a_n\ (n=1,\ 2,\ 3,\ \cdots\cdots)$ と定める．以下の問いに答えよ．（産業医科大・改）

(1)　b_{n+1} を b_n の式で表せ．

(2)　b_n を n の式で表せ．

(3)　a_n を n の式で表せ．

解答　(1)　漸化式を用いて b_{n+1} を計算すると

$$\underline{b_{n+1}=a_{n+2}-2a_{n+1}}=(4a_{n+1}-4a_n)-2a_{n+1}$$

$$=\boxed{サ}(a_{n+1}-2a_n)=\boxed{サ}b_n$$

である．

(2)　$b_1=a_2-2a_1=\boxed{シ}$ であるから，数列 $\{b_n\}$ は初項 $\boxed{シ}$，公比 $\boxed{サ}$ の等比数列である．

よって，$b_n=\boxed{ス}$ である．　← 3 ⓑを使います

(3)　(2)の結果から，$a_{n+1}-2a_n=\boxed{ス}$ である．　← 12 3 を使います

両辺を 2^{n+1} で割って，$c_n=\dfrac{a_n}{2^n}$ とおくと，$\dfrac{a_{n+1}}{2^{n+1}}-\dfrac{2a_n}{2^{n+1}}=\dfrac{\boxed{ス}}{2^{n+1}}$ より，

$c_{n+1}-c_n=\boxed{セ}$ である．

したがって，数列 $\{c_n\}$ は初項 $c_1=\dfrac{a_1}{2^1}=\boxed{ソ}$，公差 $\boxed{セ}$ の等差数列で，$c_n=\boxed{タ}$ となる．　← 2 ⓑを使います

よって，$a_n=2^n\cdot c_n=\boxed{チ}$ である．

サ　2
シ　1
ス　2^{n-1}
セ　$\dfrac{1}{4}$
ソ　$\dfrac{1}{2}$
タ　$\dfrac{n+1}{4}$
チ　$(n+1)\cdot 2^{n-2}$

練習問題

37 ▶解答 P.35

数列 $\{a_n\}$ は

$$a_1=1,\ a_2=2,\ a_{n+2}-2a_{n+1}-3a_n=0\ (n=1,\ 2,\ 3,\ \cdots\cdots)$$

を満たすとし，数列 $\{b_n\}$，$\{c_n\}$ を

$$b_n=a_{n+1}+a_n,\ c_n=a_{n+1}-3a_n\ (n=1,\ 2,\ 3,\ \cdots\cdots)$$

と定める．自然数 n に対して，以下の問いに答えよ．（大阪府立大）

(1) b_{n+1} を b_n の式で表せ．

(2) c_{n+1} を c_n の式で表せ．

(3) b_n と c_n をそれぞれ n の式で表せ．

(4) a_n を n の式で表せ．

38 ▶解答 P.36

$a_1=5$，$a_2=3$ である数列 $\{a_n\}$ が関係式

$$5a_{n+2}-8a_{n+1}+3a_n=0\ (n=1,\ 2,\ 3,\ \cdots\cdots)$$

を満たしているとき，次の問いに答えよ．

(1) $b_n=a_{n+1}-a_n$ とおくとき，数列 $\{b_n\}$ の一般項を求めよ．

(2) 数列 $\{a_n\}$ の一般項を求めよ．

39 ▶解答 P.38

数列 $\{a_n\}$ が

$$a_1=1,\ a_2=3,\ a_{n+2}-4a_{n+1}+4a_n=1\ (n=1,\ 2,\ 3,\ \cdots\cdots)$$

を満たしているとき，次の問いに答えよ．（兵庫県立大）

(1) $b_n=a_{n+1}-2a_n\ (n=1,\ 2,\ 3,\ \cdots\cdots)$ とおくとき，b_n を求めよ．

(2) a_n を求めよ．

15 S_n を含む漸化式

ここが大事！ 数列 $\{a_n\}$ において，第 n 項 a_n と $S_n=\sum_{k=1}^{n} a_k$ の関係式が与えられているときは，$a_{n+1}=S_{n+1}-S_n$ を利用して $\{a_n\}$ の漸化式を求めます．また，$a_1=S_1$ を利用すれば a_1 の値が求まります．

1 S_n を含む漸化式

例題 8 数列 $\{a_n\}$ の初項から第 n 項までの和を S_n とする．

$$S_n=6n-2a_n \ (n=1,\ 2,\ 3,\ \cdots\cdots)$$

が成り立つとき，初項 a_1 および一般項 a_n を求めよ．　　（長崎大）

解答 関係式に $n=1$ を代入し，$S_1=a_1$ を用いると

$$a_1=6\cdot 1-2a_1$$

（7 ⓐを使います）

が得られ，これを解くと，$a_1=$ ア である．

関係式 $S_n=6n-2a_n$ において n を $n+1$ に換えると

$$S_{n+1}=\boxed{イ}-2a_{n+1}$$

（7 ⓑにおいて n を $n+1$ としたものです）

が得られ，これらを $S_{n+1}-S_n=a_{n+1}$ に代入すると

$$\left(\boxed{イ}-2a_{n+1}\right)-(6n-2a_n)=a_{n+1}$$

から

$$a_{n+1}=\boxed{ウ}\,a_n+\boxed{エ}\quad\cdots\cdots①$$

（12 1 を使います）

となる．

$$\alpha=\boxed{ウ}\,\alpha+\boxed{エ}$$ を解くと，$\alpha=\boxed{オ}$ である．

（この行は解答に書かないことが多いです）

①の両辺から オ を引くと

$$a_{n+1}-\boxed{オ}=\boxed{ウ}\left(a_n-\boxed{オ}\right)$$

となるから，数列 $\left\{a_n-\boxed{オ}\right\}$ は初項

ア 2
イ $6n+6$
ウ $\dfrac{2}{3}$
エ 2
オ 6

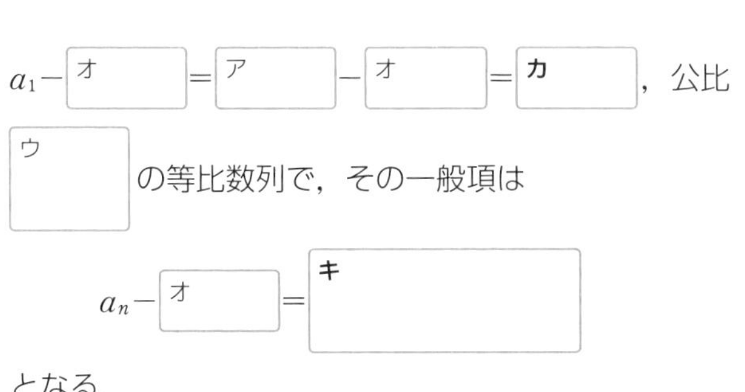

a_1- [オ] $=$ [ア] $-$ [オ] $=$ [**カ**]，公比 [ウ] の等比数列で，その一般項は

$$a_n-\boxed{\text{オ}}=\boxed{\text{キ}}$$

となる．

したがって

$$a_n=\boxed{\text{キ}}+\boxed{\text{オ}}$$

である．

カ	-4
キ	$-4\cdot\left(\frac{2}{3}\right)^{n-1}$

練 習 問 題

40 ▶解答 P.39

数列 $\{a_n\}$ の初項 a_1 から第 n 項までの和 S_n が，$S_n - n + 2a_n$ $(n=1,\ 2,\ 3,\ \cdots\cdots)$ を満たしているとき，数列 $\{a_n\}$ の一般項を求めよ．

41 ▶解答 P.40

数列 $\{a_n\}$ は

$$\sum_{k=1}^{n} a_k = -2a_n + 2^{n+1} \quad (n=1,\ 2,\ 3,\ \cdots\cdots)$$

を満たしている．次の問いに答えよ．　(和歌山大)

(1)　初項 a_1 を求めよ．

(2)　a_{n+1} を a_n を用いて表せ．

(3)　数列 $\{b_n\}$ を $b_n = \dfrac{a_n}{2^n}$ で定めるとき，b_{n+1} を b_n を用いて表せ．

(4)　数列 $\{a_n\}$ の一般項を求めよ．

16 場合の数・確率と漸化式

ここが大事！ 自然数 n によって定まる「場合の数（あるいは確率）」a_n を，n の式で表す問題は，数列 $\{a_n\}$ の一般項を求める問題と考えることができます．したがって，初項 a_1 の値と，第 n 項 a_n と第 $n+1$ 項 a_{n+1} の関係式（漸化式）を導くことができれば，それを用いて一般項 a_n を n の式で表せます．

1 場合の数と漸化式

場合の数 a_n の決め方を利用して，a_n と a_{n+1} の関係を導きます．

例題 1 平面上に n 本の直線を，次の条件(i)，(ii)を満たすように配置する．

(i) どの 2 直線も平行でない．

(ii) 3 本以上の直線は 1 点で交わらない．

このとき，すべての交点の数 a_n を n の式で表せ．

解答 直線が 1 本のときは交点がないので，$a_1=$ [ア] である．

条件を満たすように n 本の直線が配置されているとする．

この n 本の直線に条件を満たすように直線 l を加えるとき，新しくできる交点は既にあるものと一致しないので，新たに [イ] 個の交点が増える．

l

したがって，$a_{n+1}=a_n+$ [ウ] が成り立つ．

この式は $a_{n+1}-a_n=$ [ウ] と変形できるので，

数列 $\{a_n\}$ の階差数列は $\{$ [ウ] $\}$ である．　6 ⓐです

よって，$n \geqq 2$ のとき，$a_n=a_1+\sum_{k=1}^{n-1}$ [エ] $=$ [オ]

である．　6 ⓑを使います

この式に $n=1$ を代入すると [ア] となり，a_1 に一致するので，すべての自然数 n について，$a_n=$ [オ] である．

$n=1$ の場合を確認します

ア 0　イ n
ウ n　エ k
オ $\frac{1}{2}n(n-1)$

2 確率と漸化式

n に関する事象 A_n が起こる確率を p_n とするとき，事象 A_{n+1} が起こる確率 p_{n+1} は，事象 A_n が起こった場合と事象 A_n が起こらなかった場合に分けることによって求めることができます．

例題 2　1 から 5 までの自然数を 1 つずつ書いた 5 枚のカードを袋に入れる．この袋から無作為に 1 枚のカードを引き，それを戻すことを繰り返し行う．1 回目から n 回目までに引いたカードに書かれた数の和を a_n とする．a_n が偶数になる確率を p_n とするとき，次の問いに答えよ．

（大阪教育大）

(1)　p_{n+1} を p_n を用いて表せ．

(2)　p_n を n を用いて表せ．

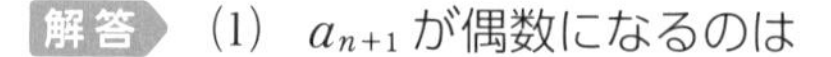

解答　(1)　a_{n+1} が偶数になるのは

(i)　a_n が偶数で，$n+1$ 回目に 2，4 のいずれかのカードを引く．

(ii)　a_n が奇数で，$n+1$ 回目に 1，3，5 のいずれかのカードを引く．

のどちらかが起こる場合で，これらは同時に起こることはない．

	a_n		a_{n+1}
(i)	偶数 (p_n)	$\xrightarrow{\frac{2}{5}}$	偶数 (p_{n+1})
(ii)	奇数 $(1-p_n)$	$\nearrow \frac{3}{5}$	奇数

ここで，2，4 のいずれかのカードを引く確率は [カ]，1，3，5 のいずれかのカードを引く確率は [キ]，a_n が奇数になる確率は [ク] であるから

$$p_{n+1}=p_n\times[\text{カ}]+([\text{ク}])\times[\text{キ}]=[\text{ケ}]-[\text{コ}]p_n$$

である．

カ $\frac{2}{5}$	キ $\frac{3}{5}$		
ク $1-p_n$	ケ $\frac{3}{5}$		
コ $\frac{1}{5}$	サ $\frac{1}{2}$		

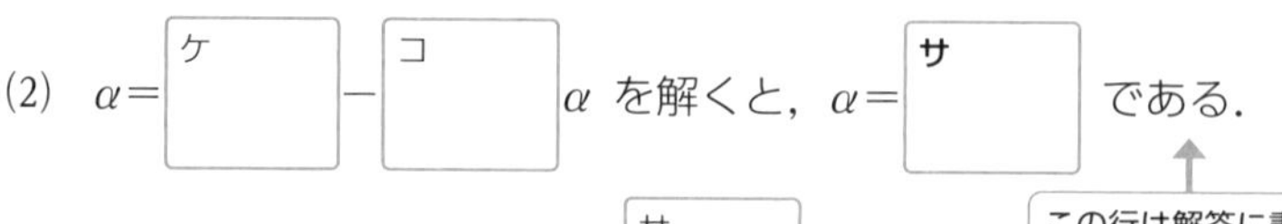

(2)　$\alpha=[\text{ケ}]-[\text{コ}]\alpha$ を解くと，$\alpha=[\text{サ}]$ である．

この行は解答に書かないことが多いです

(1)で得られた式の両辺から [サ] を引くと

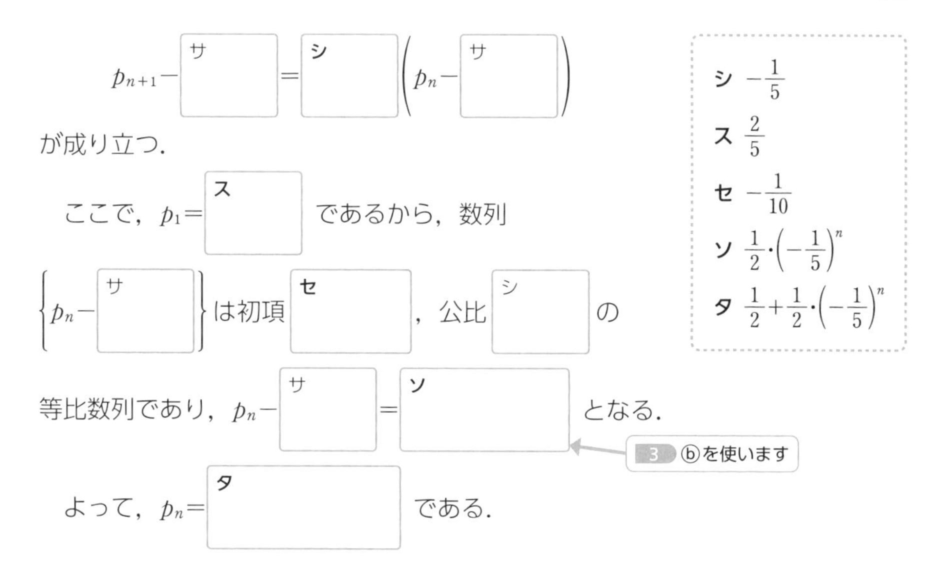

練習問題

42 ▶解答 P.42

平面上にある n 個の円は，どの円も他のすべての円と 2 つの交点をもち，3 つ以上の円は 1 点で交わらないように描かれているものとする．このとき，すべての交点の数を a_n とする．次の問いに答えよ．（防衛医科大・改）

(1) a_n を n の式で表せ．

(2) $a_p-a_q=140$，$p-q=4$ を満たす自然数 p，q の値を求めよ．

43 ▶解答 P.43

ある南の島の言い伝えによると，この島では，雨が降った日の翌日に雨が降る確率は $\dfrac{2}{3}$ で，雨が降らなかった日の翌日に雨が降る確率は $\dfrac{1}{6}$ であるらしい．A さんが初めてこの島を訪れた日には雨が降っていた．この日から数えて n 日後に雨が降っている確率を p_n とする．この言い伝えが正しいとするとき，以下の問いに答えよ．（福岡女子大）

(1) p_{n+1} を p_n で表せ．

(2) p_n を n の式で表せ．

17 数学的帰納法と漸化式

ここが大事！ 初項 a_1 および a_n と a_{n+1} の関係式（漸化式）が与えられれば，順に項を求めることによって数列 $\{a_n\}$ が決まります．これと同様に，自然数 n に関する命題 $P(n)$ の証明では，「$P(1)$ が成り立つ」ことと，「$P(k)$ が成り立つと仮定すると $P(k+1)$ が成り立つ」ことを証明することによって，すべての自然数 n について $P(n)$ が成り立つことを示せます．

1 数学的帰納法

自然数 n に関する命題 $P(n)$ について

[1]　$P(1)$ が成り立つ．

[2]　自然数 k について $P(k)$ が成り立つと仮定すると，$P(k+1)$ が成り立つ．

の 2 つのことを証明すれば，すべての自然数 n について命題 $P(n)$ が成り立つことを証明できます．この証明法を**数学的帰納法**といいます．

例題 3　すべての自然数 n について

$$3^n-2n+3 \quad \cdots\cdots ①$$

は 4 の倍数である．このことを，数学的帰納法を用いて示せ．

（愛知教育大）

解答　[1]　$n=1$ のとき，$3^1-2\cdot1+3=$ [ア] であるから，①は 4 の倍数である．

[2]　k を自然数とし，$n=k$ のとき，①が 4 の倍数であると仮定すると，整数 m を用いて $3^k-2k+3=4m$ と表すことができる．

このとき，$3^k=$ [イ] であるから，$n=k+1$ のとき

$$3^{k+1}-2(k+1)+3=3(\boxed{\text{イ}})-2(k+1)+3$$

$$=4(\boxed{\text{ウ}})$$

[ウ] は整数であるから，$n=k+1$ のとき，①は 4 の倍数である．

[1]，[2]から，数学的帰納法により，すべての自然数 n について①は 4 の倍数である．

ア 4
イ $4m+2k-3$
ウ $3m+k-2$

2 数学的帰納法と漸化式

数列が漸化式によって与えられたとき，いくつかの項を求めることにより，数列の一般項を推測し，それを「数学的帰納法」で証明するという手順で一般項を求めることができます．

例題 4 次の条件によって定められる数列 $\{a_n\}$ がある．

$$a_1=-1,\ a_{n+1}=\frac{5a_n+9}{-a_n+11}\ (n=1,\ 2,\ 3,\ \cdots\cdots)$$

次の問いに答えよ． （県立広島大）

(1) a_2，a_3，a_4 を求めよ．

(2) 一般項 a_n を推測し，その結果を数学的帰納法を用いて証明せよ．

解答 (1) 漸化式に $n=1$ を代入すると，

$$a_2=\frac{5a_1+9}{-a_1+11}=\frac{5\cdot(-1)+9}{-(-1)+11}=\boxed{\text{エ}}$$ である．

同様に，$n=2$，3 を代入すると，$a_3=\boxed{\text{オ}}$，

$a_4=\boxed{\text{カ}}$ である．

(2) 漸化式に $n=4$，5 を代入して，a_5，a_6 を求めると，数列 $\{a_n\}$ は -1，$\frac{1}{3}$，1，$\frac{7}{5}$，$\frac{5}{3}$，$\frac{13}{7}$，……であるから，一般項は

$$a_n=\frac{\boxed{\text{キ}}\,n-\boxed{\text{ク}}}{n+1}\quad\cdots\cdots①$$

と推測される．

← $a_1=\frac{-2}{2}$，$a_3=\frac{4}{4}$，$a_5=\frac{10}{6}$ と考えます
分子は初項 -2，公差 3 の等差数列です

以下，①が成り立つことを数学的帰納法で示す．

［1］ $n=1$ のとき，①の右辺を計算すると $\boxed{\text{ケ}}$ となるので，①は成り立つ．

［2］ k を自然数とし，$n=k$ のとき①が成り立つ，すなわち

$$a_k=\frac{\boxed{\text{キ}}\,k-\boxed{\text{ク}}}{k+1}$$

と仮定する．

エ $\frac{1}{3}$
オ 1
カ $\frac{7}{5}$
キ 3
ク 5
ケ -1

$n=k+1$ のとき，与えられた漸化式より

$$a_{k+1}=\frac{5a_k+9}{-a_k+11}=\frac{5\cdot\dfrac{\boxed{キ}\,k-\boxed{ク}}{k+1}+9}{-\dfrac{\boxed{キ}\,k-\boxed{ク}}{k+1}+11}$$

分母と分子に $k+1$ を掛けます

$$=\frac{3k-2}{k+2}=\frac{\boxed{コ}\,(k+1)-\boxed{サ}}{(k+1)+1}$$

コ 3
サ 5

となるので，①は $n=k+1$ のときも成り立つ．

したがって，［1］，［2］から，数学的帰納法により，一般項は

$$a_n=\frac{\boxed{キ}\,n-\boxed{ク}}{n+1}$$

である．

44 ▶解答 P.43

数列 a_n $(n=1,\ 2,\ 3,\ \cdots\cdots)$ の各項 a_n は自然数であり，また，$m<n$ ならば $a_m<a_n$ がすべての自然数 m，n に対して成り立つとする．このとき，$n\leqq a_n$ がすべての自然数 n について成り立つことを示せ．　（兵庫県立大）

45 ▶解答 P.44

$a_1=-1$，$2a_{n+1}=a_n{}^2+3na_n-6$ $(n=1,\ 2,\ 3,\ \cdots\cdots)$ で定義される数列 $\{a_n\}$ を考える．　（広島市立大）

(1)　a_2，a_3，a_4 を求めよ．

(2)　一般項 a_n を推測し，それが正しいことを数学的帰納法を用いて証明せよ．

18 $a_{n+1}=(a_n$ の 1 次式）その 2

ここが大事！

12 3 では，漸化式が $a_{n+1}=pa_n+q(n)$ の形で与えられるもののうち，数列 $\left\{\frac{q(n)}{p^{n+1}}\right\}$ が等比数列となる場合の一般項を求めました．
ここでは，それ以外の場合について，いろいろな解法を学びます．
このような漸化式の問題では，出題の中で解法の方針が与えられていることが多いですが，あらかじめその方法を学んでおけば，より確実に解くことができます．

1 $a_{n+1}=pa_n+q(n)$（$p\neq 0,\ 1$）その 2

$q(n)$ が n の 1 次式の場合について考えましょう．
次の問題は 12 3 と同様の方法を用いて求めることもできますが，計算量が多くなります．
次の解法は他の漸化式の問題へも応用できる一般的なものです．

例題 1 数列 $\{a_n\}$ が，$a_1=1$，$a_{n+1}=2a_n+n$（$n=1,\ 2,\ 3,\ \cdots\cdots$）を満たすとき，この数列の一般項 a_n を求めよ．

解答 1 （12 1 では，「定数」を引くことにより漸化式の定数項を消した．ここでは，「n の 1 次式」を引くことにより n を消すことを考える．）

$$b_n=a_n-(\alpha n+\beta)\ (n=1,\ 2,\ 3,\ \cdots\cdots)\quad\cdots\cdots①$$

すなわち

$$a_n=b_n+\alpha n+\beta\quad\cdots\cdots②$$

とおくと，漸化式は

$$b_{n+1}+\alpha(n+1)+\beta=2(b_n+\alpha n+\beta)+n$$

n は $n+1$ になります

から

$$b_{n+1}+\alpha n+(\alpha+\beta)=2b_n+(2\alpha+1)n+2\beta$$

となる．

$\alpha n+(\alpha+\beta)=(2\alpha+1)n+2\beta$ が n についての恒等式になる条件です

したがって，$\alpha=2\alpha+1$ かつ $\alpha+\beta=2\beta$，すなわち，$\alpha=-1$，$\beta=-1$ のとき，漸化式は

$$b_{n+1}=2b_n\ (n=1,\ 2,\ 3,\ \cdots\cdots)$$

となる．

このとき，数列 $\{b_n\}$ は公比 2 の等比数列で，①より，$b_1=a_1-(-1\cdot 1-1)=3$ で

あるから，数列 $\{b_n\}$ の一般項は，$b_n=3\cdot2^{n-1}$ となる．　← 3 ⓑを使います

ゆえに，②より，数列 $\{a_n\}$ の一般項は

$$a_n=3\cdot2^{n-1}-n-1$$

である．

解答 2　（一般に，階差数列の一般項はもとの数列の一般項よりも簡単な式になる．ここでは，階差数列の漸化式からその一般項を求めることにより，もとの数列の一般項を求める．）

数列 $\{a_n\}$ の階差数列を $\{b_n\}$ とすると

$$b_n=a_{n+1}-a_n\ (n=1,\ 2,\ 3,\ \cdots\cdots)\quad\cdots\cdots③$$

である．

$$a_{n+1}=2a_n+n\quad\cdots\cdots④$$

において n を $n+1$ に換えると

$$a_{n+2}=2a_{n+1}+(n+1)\quad\cdots\cdots⑤$$

となる．

⑤−④より，$a_{n+2}-a_{n+1}=2(a_{n+1}-a_n)+1$，すなわち

$$b_{n+1}=2b_n+1\quad\cdots\cdots⑥$$

が成り立つ．

$\alpha=2\alpha+1$ を解くと，$\alpha=-1$ である．　← この行は解答に書かないことが多いです

⑥の両辺から -1 を引くと

$$b_{n+1}+1=2b_n+1+1=2(b_n+1)$$

が成り立つので，数列 $\{b_n+1\}$ は公比 2 の等比数列である．

④において $n=1$ とすると

$$a_2=2a_1+1=2\cdot1+1=3$$

であるから

$$b_1+1=(a_2-a_1)+1=(3-1)+1=3$$

となるので，数列 $\{b_n+1\}$ の一般項は $b_n+1=3\cdot2^{n-1}$ である．　← 3 ⓑを使います

よって，数列 $\{b_n\}$ の一般項は $b_n=3\cdot2^{n-1}-1$ となり，③から

$$a_{n+1}-a_n=3\cdot2^{n-1}-1$$

が成り立つ．

これに④を代入すると

$$(2a_n+n)-a_n=3\cdot2^{n-1}-1$$

となるから，数列 $\{a_n\}$ の一般項は

$$a_n=3\cdot2^{n-1}-n-1$$

である．

練習問題

46 ▶解答 P.45

数列 $\{a_n\}$ が $a_1=1$, $a_{n+1}=2a_n+2n+1$ $(n=1, 2, 3, \cdots\cdots)$ を満たすとき，次の問いに答えよ．（岡山県立大・改）

(1) $b_n=a_n+2n+3$ とおくとき，b_{n+1} を b_n で表せ．

(2) 一般項 a_n を求めよ．

47 ▶解答 P.45

数列 $\{a_n\}$ が $a_1=2$, $a_{n+1}=5a_n-4n+2$ を満たすとき，次の問いに答えよ．（北里大）

(1) 自然数 n に対して，$b_n=a_{n+1}-a_n$ とおくとき，b_{n+1} を b_n を用いて表せ．

(2) 数列 $\{b_n\}$ の一般項を求めよ．

(3) 数列 $\{a_n\}$ の一般項を求めよ．

19 連立漸化式

ここが大事！ 2つ以上の数列$\{a_n\}$，$\{b_n\}$，…… において，a_{n+1}，b_{n+1}，…… が，それぞれa_n，b_n，…… の1次式で表される場合には，適切な定数α_kを選んで，$c_n=\alpha_1 a_n+\alpha_2 b_n+\cdots\cdots$ となる数列$\{c_n\}$を考え，数列$\{c_n\}$が簡単な漸化式を満たすようにすることができます．

1 連立漸化式

2つの数列$\{a_n\}$，$\{b_n\}$の場合には適切な定数α，βを選んで，2つの数列$\{a_n+\alpha b_n\}$，$\{a_n+\beta b_n\}$を考えます．

例題 2　初項 $a_1=3$，$b_1=2$，漸化式 $a_{n+1}=2a_n+3b_n$，$b_{n+1}=3a_n+2b_n$ $(n=1,\ 2,\ 3,\ \cdots\cdots)$ で表される数列$\{a_n\}$，$\{b_n\}$について，次の問いに答えよ．

（明治学院大）

(1)　数列$\{a_n+b_n\}$，$\{a_n-b_n\}$の一般項を求めよ．

(2)　数列$\{a_n\}$，$\{b_n\}$の一般項を求めよ．

解答　(1)　漸化式から

$$a_{n+1}+b_{n+1}=(2a_n+3b_n)+(3a_n+2b_n)=5(a_n+b_n)$$

が成り立ち，$a_1+b_1=3+2=5$ であるから，数列$\{a_n+b_n\}$は初項5，公比5の等比数列で，その一般項は

$$a_n+b_n=5\cdot5^{n-1}=5^n \quad \cdots\cdots①$$

である．　3 ⓑを使います

同様に，漸化式から

$$a_{n+1}-b_{n+1}=(2a_n+3b_n)-(3a_n+2b_n)=-(a_n-b_n)$$

が成り立ち，$a_1-b_1=3-2=1$ であるから，数列$\{a_n-b_n\}$は初項1，公比-1の等比数列で，その一般項は

$$a_n-b_n=(-1)^{n-1} \quad \cdots\cdots②$$

である．　3 ⓑを使います

(2)　(①＋②)÷2 から

$$a_n=\frac{5^n+(-1)^{n-1}}{2}$$

である．

同様に，(①−②)÷2 から

$$b_n=\frac{5^n-(-1)^{n-1}}{2}$$

である．

練習問題

48 ▶解答 P.46

数列 $\{a_n\}$，$\{b_n\}$ が次の関係式を満たしている．

$$\begin{cases} a_1=1 \\ b_1=2 \\ a_{n+1}=4a_n-2b_n \ (n=1,\ 2,\ 3,\ \cdots\cdots) \\ b_{n+1}=a_n+b_n \ (n=1,\ 2,\ 3,\ \cdots\cdots) \end{cases}$$

このとき，次の問いに答えよ．（岡山県立大）

(1) $a_{n+1}+\alpha b_{n+1}=\beta(a_n+\alpha b_n)$ を満たす α，β を求めよ．

(2) (1)を使って a_n，b_n を求めよ．

49 ▶解答 P.49

次の条件によって定められる数列 $\{a_n\}$，$\{b_n\}$ がある．

$$a_1=3,\ b_1=1$$
$$2a_{n+1}=5a_n+b_n+2^{n+1}+4 \ (n=1,\ 2,\ 3,\ \cdots\cdots)$$
$$2b_{n+1}=a_n+5b_n-2^{n+1}+4 \ (n=1,\ 2,\ 3,\ \cdots\cdots)$$

このとき，次の問いに答えよ．（大分大）

(1) $c_n=a_n+b_n$ によって定められる数列 $\{c_n\}$ の一般項 c_n を n の式で表せ．

(2) $d_n=a_n-b_n$ によって定められる数列 $\{d_n\}$ の一般項 d_n を n の式で表せ．

(3) 数列 $\{a_n\}$ の一般項 a_n を n の式で表せ．

20　$a_{n+1}=(a_n$ の1次分数式）その2

ここが大事！ 漸化式が $a_{n+1}=\frac{pa_n+q}{a_n+r}$ の形で表される場合には，12 1 のように，数列 $b_n=a_n-\alpha$ で決まる数列 $\{b_n\}$ を考え，その漸化式が 13 で扱った形 $b_{n+1}=\frac{p'b_n}{b_n+r'}$ になるように変形します．多くの問題では α の値は与えられています．

1　$a_{n+1}=\frac{pa_n+q}{a_n+r}$ その1

13 1 の形に変形して解きます．

例題 3　数列 $\{a_n\}$ は次の関係式を満たす．

$$a_1=0,\ a_{n+1}=\frac{2a_n-1}{a_n+4}\ (n=1,\ 2,\ 3,\ \cdots\cdots)$$

このとき，次の問いに答えよ．　（東京女子大・改）

(1)　$b_n=a_n+1$ とおくとき，b_{n+1} を b_n で表せ．

(2)　$c_n=\frac{1}{b_n}$ とおくとき，数列 $\{c_n\}$ の一般項を求めよ．

(3)　数列 $\{a_n\}$ の一般項を求めよ．

解答　(1)　$a_n=b_n-1$ を用いると，漸化式より

$$\underline{b_{n+1}}=a_{n+1}+1=\frac{2a_n-1}{a_n+4}+1=\frac{2a_n-1+a_n+4}{a_n+4}$$

$$=\frac{3a_n+3}{a_n+4}=\frac{3(b_n-1)+3}{(b_n-1)+4}=\underline{\frac{3b_n}{b_n+3}}$$

（$b_{n+1}=\frac{p'b_n}{b_n+r'}$ の形に変形しました）

である．

(2)　（漸化式から，$b_n\fallingdotseq 0$ であるとき $b_{n+1}\fallingdotseq 0$ であるので，$b_1=a_1+1=0+1=1$ より，数列 $\{b_n\}$ の各項は0とならない．）

（$b_n\fallingdotseq 0$ は成り立つものとして出題されていますから，書く必要はありません）

漸化式を用いると

$$c_{n+1}=\frac{1}{b_{n+1}}=\frac{b_n+3}{3b_n}=\frac{1}{b_n}+\frac{1}{3}=c_n+\frac{1}{3}$$

（2 ⓐです）

である．

したがって，数列 $\{c_n\}$ は初項 $c_1=\frac{1}{b_1}=\frac{1}{a_1+1}=\frac{1}{0+1}=1$，公差 $\frac{1}{3}$ の等差数列

で，その一般項は

2 ⓑを使います

$$c_n=1+(n-1)\cdot\frac{1}{3}=\frac{n+2}{3}$$

である．

(3) $a_n=b_n-1=\dfrac{1}{c_n}-1=\dfrac{3}{n+2}-1=\dfrac{-n+1}{n+2}$

である．

2 $a_{n+1}=\dfrac{pa_n+q}{a_n+r}$ その2

13 2 の形に変形して解きます．

例題 4 数列 $\{a_n\}$ は次の関係式を満たす．

$$a_1=2,\ a_{n+1}=\frac{2a_n+4}{a_n+5}\ (n=1,\ 2,\ 3,\ \cdots\cdots)$$

このとき，次の問いに答えよ． （兵庫医科大・改）

(1) $b_n=a_n+4$ とおくとき，b_{n+1} を b_n で表せ．

(2) $c_n=\dfrac{1}{b_n}$ とおくとき，数列 $\{c_n\}$ の一般項を求めよ．

(3) 数列 $\{a_n\}$ の一般項を求めよ．

解答 (1) $a_n=b_n-4$ を用いると，漸化式より

$$b_{n+1}=a_{n+1}+4=\frac{2a_n+4}{a_n+5}+4=\frac{6a_n+24}{a_n+5}$$

$$=\frac{6(b_n-4)+24}{(b_n-4)+5}=\frac{6b_n}{b_n+1}$$

$b_{n+1}=\dfrac{p'b_n}{b_n+r'}$ の形に変形しました

である．

(2) （漸化式から，$b_n\neq0$ であるとき $b_{n+1}\neq0$ であるので，$b_1=a_1+4=2+4=6$ より，数列 $\{b_n\}$ の各項は 0 とならない．）

$b_n\neq0$ は成り立つものとして出題されていますから，書く必要はありません

漸化式を用いると

$$c_{n+1}=\frac{1}{b_{n+1}}=\frac{b_n+1}{6b_n}=\frac{1}{6b_n}+\frac{1}{6}=\frac{1}{6}c_n+\frac{1}{6}$$

である．

$\alpha=\dfrac{1}{6}\alpha+\dfrac{1}{6}$ を解くと，$\alpha=\dfrac{1}{5}$ である．

この行は解答に書かないことが多いです

$$c_{n+1}-\frac{1}{5}=\frac{1}{6}c_n+\frac{1}{6}-\frac{1}{5}=\frac{1}{6}c_n-\frac{1}{30}=\frac{1}{6}\left(c_n-\frac{1}{5}\right)$$

より，数列 $\left\{c_n-\dfrac{1}{5}\right\}$ は初項 $c_1-\dfrac{1}{5}=\dfrac{1}{b_1}-\dfrac{1}{5}=\dfrac{1}{a_1+4}-\dfrac{1}{5}=\dfrac{1}{2+4}-\dfrac{1}{5}=-\dfrac{1}{30}$,

公比 $\dfrac{1}{6}$ の等比数列で，その一般項は

$$c_n-\frac{1}{5}=-\frac{1}{30}\cdot\left(\frac{1}{6}\right)^{n-1}=-\frac{1}{5}\cdot\left(\frac{1}{6}\right)^{n}$$

である．

3 ⓑを使います

よって，数列 $\{c_n\}$ の一般項は

$$c_n=-\frac{1}{5}\cdot\left(\frac{1}{6}\right)^{n}+\frac{1}{5}=\frac{1}{5}\left\{1-\left(\frac{1}{6}\right)^{n}\right\}$$

である．

(3)　$a_n=b_n-4=\dfrac{1}{c_n}-4=\dfrac{5}{1-\left(\dfrac{1}{6}\right)^{n}}-4=\dfrac{5\cdot6^n}{6^n-1}-4=\dfrac{6^n+4}{6^n-1}$

分母・分子に 6^n を掛けます

である．

練習問題

50 ▶解答 P.51

数列 $\{a_n\}$ は次の関係式を満たす．

$$a_1=3,\quad a_{n+1}=\frac{4-a_n}{a_n-1}\quad(n=1,\ 2,\ 3,\ \cdots\cdots)$$

このとき，次の問いに答えよ．

(1)　$a_n=b_n+2$ とおくとき，b_{n+1} を b_n で表せ．

(2)　$b_n=\dfrac{1}{c_n}$ とおくとき，数列 $\{c_n\}$ の一般項を求めよ．

(3)　数列 $\{a_n\}$ の一般項を求めよ．

51 ▶解答 P.52

数列 $\{a_n\}$ は次の関係式を満たす．

$$a_1=\frac{3}{2},\quad a_{n+1}=\frac{3a_n-2}{2a_n-1}\quad(n=1,\ 2,\ 3,\ \cdots\cdots)$$

このとき，次の問いに答えよ．　　　　（関西学院大）

(1)　$b_n=\dfrac{1}{a_n-1}$ とおくとき，$b_{n+1}-b_n$ の値を求めよ．

(2)　数列 $\{a_n\}$ の一般項を求めよ．

21 漸化式に強くなる

ここが大事！ 自然数 n によって定まる数 a_n, b_n, ……を，数列 $\{a_n\}$, $\{b_n\}$, ……の漸化式を用いて求めることがあります．この解法では，第 n 項 a_n, b_n, ……の値などから，与えられた条件を用いて第 $n+1$ 項 a_{n+1}, b_{n+1}, ……の値を求めることにより漸化式を作ります．

1 漸化式に強くなる

次の問題では，n 秒後における事象の確率 a_n, b_n, …… から，移動の規則を用いて $n+1$ 秒後における事象の確率 a_{n+1}, b_{n+1}, …… を計算する式（漸化式）を作ります．このとき，n に対してすべての事象の確率の和が 1 になること $(a_n+b_n+\cdots\cdots=1)$ が使えます．

例題 5 動点Pは時刻 0 で右下図の正八面体 ABCDEF の頂点Aにいるとし，次の規則に従って 1 秒ごとにその位置が決まる．

（規則）　Pがある頂点Xにいるとき，その 1 秒後には確率 $\frac{1}{5}$ でXに留まるか，もしくはXに隣り合う 4 個の頂点のいずれかにそれぞれ確率 $\frac{1}{5}$ で移動する．（例えば，Pが頂点Aにいるとき，1 秒後にはそれぞれ確率 $\frac{1}{5}$ で頂点 A，B，C，D，E のいずれかにいる．）

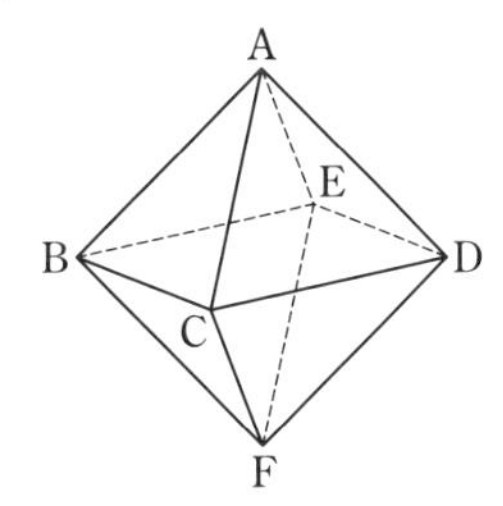

自然数 n に対して，n 秒後にPが頂点Aにいる確率を a_n，頂点Fにいる確率を b_n，頂点AにもFにもいない確率を c_n とする．このとき，次の問いに答えよ．

(1) a_1, b_1, c_1 の値を求めよ．

(2) a_{n+1}, b_{n+1} を a_n, b_n の式で表せ．

(3) a_n, b_n, c_n を n の式で表せ．

解答 (1)　Pは1秒後に，5頂点A，B，C，D，Eのいずれかに，それぞれ確率 $\frac{1}{5}$ でいる．

したがって，$a_1=\frac{1}{5}$，$b_1=0$，$c_1=\frac{4}{5}$ である．

(2)　$n+1$ 秒後にPが頂点Aにいるのは，n 秒後にPが頂点A，B，C，D，Eにいる場合で，いずれの頂点にいても，$n+1$ 秒後にPが頂点Aにいる確率は $\frac{1}{5}$ である．

したがって，$a_{n+1}=\frac{1}{5}a_n+\frac{1}{5}c_n$ である．

n 秒後	$n+1$ 秒後
A $\xrightarrow{\frac{1}{5}}$	A
B, C, D, E $\xrightarrow{\frac{1}{5}}$	A
F	

ここで，n 秒後にPは6頂点のいずれかにいるので $a_n+b_n+c_n=1$ が成り立ち

$$c_n=1-a_n-b_n \quad \cdots\cdots①$$

である．

よって，$a_{n+1}=\frac{1}{5}a_n+\frac{1}{5}(1-a_n-b_n)$，すなわち

$$a_{n+1}=-\frac{1}{5}b_n+\frac{1}{5} \quad \cdots\cdots②$$

である．

同様に，$n+1$ 秒後にPが頂点Fにいるのは，n 秒後にPが頂点B，C，D，E，Fにいる場合で，いずれの頂点にいても，$n+1$ 秒後にPが頂点Fにいる確率は $\frac{1}{5}$ である．

したがって，$b_{n+1}=\frac{1}{5}c_n+\frac{1}{5}b_n$ である．

n 秒後	$n+1$ 秒後
A	
B, C, D, E $\xrightarrow{\frac{1}{5}}$	F
F $\xrightarrow{\frac{1}{5}}$	F

よって，$b_{n+1}=\frac{1}{5}(1-a_n-b_n)+\frac{1}{5}b_n$，すなわち

$$b_{n+1}=-\frac{1}{5}a_n+\frac{1}{5} \quad \cdots\cdots③$$

である．

(3)　②−③より，$a_{n+1}-b_{n+1}=\frac{1}{5}(a_n-b_n)$ である．

よって，数列 $\{a_n-b_n\}$ は初項 $a_1-b_1=\frac{1}{5}-0=\frac{1}{5}$，公比 $\frac{1}{5}$ の等比数列で，その一般項は，$a_n-b_n=\frac{1}{5}\cdot\left(\frac{1}{5}\right)^{n-1}$，すなわち

$$a_n-b_n=\left(\frac{1}{5}\right)^n \quad \cdots\cdots④$$

3 ⓑを使います

となる．

②＋③より，$a_{n+1}+b_{n+1}=-\frac{1}{5}(a_n+b_n)+\frac{2}{5}$ ……⑤ である．

$\alpha=-\frac{1}{5}\alpha+\frac{2}{5}$ を解くと，$\alpha=\frac{1}{3}$ である．

この行は解答に書かないことが多いです

⑤の両辺から $\frac{1}{3}$ を引くと

$$a_{n+1}+b_{n+1}-\frac{1}{3}=-\frac{1}{5}(a_n+b_n)+\frac{2}{5}-\frac{1}{3}=-\frac{1}{5}\left(a_n+b_n-\frac{1}{3}\right)$$

が成り立つ．

したがって，数列 $\left\{a_n+b_n-\frac{1}{3}\right\}$ は初項 $a_1+b_1-\frac{1}{3}=\frac{1}{5}+0-\frac{1}{3}=-\frac{2}{15}$，公比 $-\frac{1}{5}$ の等比数列で，その一般項は，$a_n+b_n-\frac{1}{3}=-\frac{2}{15}\cdot\left(-\frac{1}{5}\right)^{n-1}$ より

3 ⓑを使います

$$a_n+b_n=\frac{2}{3}\cdot\left(-\frac{1}{5}\right)^n+\frac{1}{3} \quad \cdots\cdots⑥$$

となる．

ゆえに，(④＋⑥)÷2 より

$$a_n=\frac{1}{2}\cdot\left(\frac{1}{5}\right)^n+\frac{1}{3}\cdot\left(-\frac{1}{5}\right)^n+\frac{1}{6}$$

(⑥－④)÷2 より

$$b_n=-\frac{1}{2}\cdot\left(\frac{1}{5}\right)^n+\frac{1}{3}\cdot\left(-\frac{1}{5}\right)^n+\frac{1}{6}$$

である．

また，①，⑥より

$$c_n=1-\left\{\frac{2}{3}\cdot\left(-\frac{1}{5}\right)^n+\frac{1}{3}\right\}$$
$$=-\frac{2}{3}\cdot\left(-\frac{1}{5}\right)^n+\frac{2}{3}$$

である．

練習問題

52 ▶解答 P.55

動点Pは次の3つの規則に従って三角形ABCの3頂点を移動する．

（規則1）　時刻kで頂点Aにあるとき，時刻$k+1$で頂点A，B，Cにある確率は，それぞれ$\dfrac{1}{2}$，$\dfrac{1}{4}$，$\dfrac{1}{4}$である．

（規則2）　時刻kで頂点Bにあるとき，時刻$k+1$で頂点A，B，Cにある確率は，それぞれ$\dfrac{1}{4}$，$\dfrac{1}{2}$，$\dfrac{1}{4}$である．

（規則3）　時刻kで頂点Cにあるとき，時刻$k+1$で頂点A，B，Cにある確率は，それぞれ$\dfrac{1}{8}$，$\dfrac{1}{8}$，$\dfrac{3}{4}$である．

時刻0で動点Pは頂点Aにあるとする．自然数nに対し，時刻nで動点Pが頂点A，B，Cにある確率をそれぞれa_n，b_n，c_nとする．このとき，以下の問いに答えよ．　（電気通信大・改）

(1)　a_1，b_1，c_1を求めよ．

(2)　c_{n+1}をc_nを用いて表し，c_nをnの式で表せ．

(3)　a_n+b_nおよびa_n-b_nをnの式で表し，a_n，b_nをnの式で表せ．

53 ▶解答 P.57

数直線上を正の向きに進む点Pが原点の位置にある．さいころを投げて，4以下の目が出たらPを正の向きに1だけ進めてとめ，5以上の目が出たらPを正の向きに2だけ進めてとめる．nを自然数とするとき，さいころをn回投げるまでのあいだに，Pが座標nにとまったことのある確率をp_nとする．このとき，次の問いに答えよ．　　(駒澤大・改)

(1)　p_1，p_2を求めよ．

(2)　「さいころを$n+2$回投げるまでのあいだに，Pが座標$n+2$にとまる」という事象は，次の事象A，Bの和事象に等しく，事象A，Bは互いに排反である．

A　「さいころを$n+1$回投げるまでのあいだに，Pが座標$n+1$にとまり，かつ，その直後にさいころを投げて4以下の目が出る」

B　「さいころをn回投げるまでのあいだに，Pが座標nにとまり，かつ，その直後にさいころを投げて5以上の目が出る」

このことを用いて，p_{n+2}をp_{n+1}，p_nを用いて表せ．

(3)　$p_{n+2}+\alpha p_{n+1}=p_{n+1}+\alpha p_n$，$p_{n+2}-p_{n+1}=\beta(p_{n+1}-p_n)$を満たす$\alpha$，$\beta$の組を1組求めよ．

(4)　数列$\{p_n\}$の一般項を求めよ．

《以下の問題では図形の性質を用いる》

54 ▶解答 P.60

1辺の長さが1である正三角形ABCの辺BC上に点A_1をとる．A_1から辺ABに垂線A_1C_1を引き，点C_1から辺ACに垂線C_1B_1を引き，さらに点B_1から辺BCに垂線B_1A_2を引く．これを繰り返し，辺BC上に点A_1，A_2，……，A_n，……，辺AB上に点C_1，C_2，……，C_n，……，辺AC上に点B_1，B_2，……，B_n，……をとる．このとき，$BA_n=x_n$とする．次の問いに答えよ．　　(大阪教育大・改)

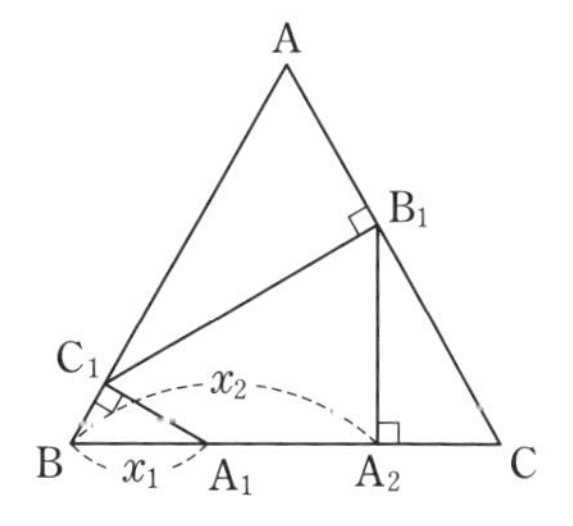

(1)　BC_n，AC_nをx_nを用いて表せ．

(2)　x_n，x_{n+1}が満たす漸化式を求めよ．

(3)　数列$\{x_n\}$の一般項をx_1を用いて表せ．

55 ▶解答 P.61

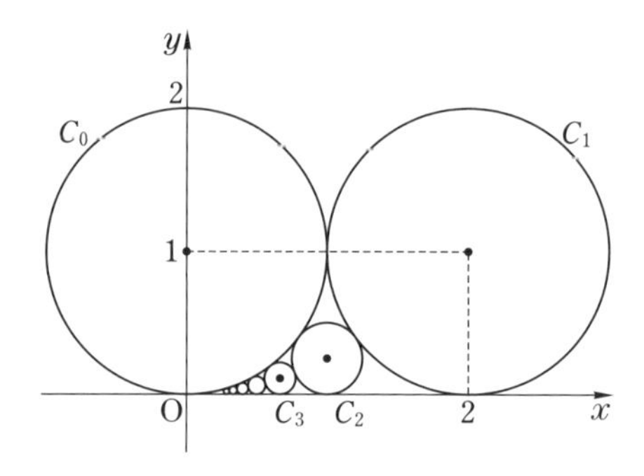

xy 平面上に $(0,\ 1)$ を中心とする半径 1 の円 C_0，$(2,\ 1)$ を中心とする半径 1 の円 C_1 がある．この C_0，C_1 に外接し，x 軸に接する円を C_2 とする．同様に，一般に C_0，C_n に外接し，x 軸に接する円で C_{n-1} でないもの（半径が小さい方の円）を円 C_{n+1} $(n=2,\ 3,\ 4,\ \cdots\cdots)$ とする．円 C_n の中心の座標を $(a_n,\ b_n)$ とするとき，次の問いに答えよ．

(1)　C_0 と C_2 の中心の距離から，b_2 を a_2 を用いて表せ．また，C_1 と C_2 の中心の距離から，b_2 を a_2 を用いて表せ．以上のことから，C_2 の中心の座標を求めよ．

(2)　2 つの円 C_n，C_{n+1} の中心の座標の関係から $(a_n-a_{n+1})^2$ を b_n，b_{n+1} を用いて表せ．また，C_0 と C_{n+1} も外接することから，a_{n+1} を a_n を用いて表せ．

(3)　数列 $\{a_n\}$ の一般項を求めよ．

別冊 解答

大学入試

苦手対策!

数列

に強くなる問題集

旺文社

1 数列とその記号

1 (1) 正の偶数を小さい順に並べた数列であるから，第5項は10，第n項は$2n$である．

(2) 第5項は $5\cdot6=30$，第n項は $n(n+1)=n^2+n$ である．

(計算せずに第5項は$5\cdot6$，第n項は$n(n+1)$と答えてもよい．)

2 (1) 順に書き出すと

1，3，5，11，13，15，31，33，35，51，53，55，111，113，115，……

より，$a_{10}=51$，$a_{15}=115$ である．

(2) (1)で書き出した数列から，$a_n=55$ となるのは $n=12$ である．

(3) $\displaystyle\sum_{k=4}^{12}a_k=a_4+a_5+a_6+a_7+a_8+a_9+a_{10}+a_{11}+a_{12}$

$=11+13+15+31+33+35+51+53+55$

$=10\times3+(1+3+5)+30\times3+(1+3+5)+50\times3+(1+3+5)$

$=(1+3+5)\times30+(1+3+5)\times3$

$=9\times33=297$

別解 (1) 1桁の数の個数は1，3，5の3個，2桁の数の個数は1，3，5の3個から重複を許して2個取り出す順列の数に一致し，$3^2=9$個 である．

よって，2桁以下の数は $3+9=12$個 である．

したがって，a_{10}は2桁の最後の数55から2つ前より，$a_{10}=51$，a_{15}は2桁の最後の数55から3つ後より，$a_{15}=115$ である．

(2) 55は2桁の最後の数である．

よって，(1)の考察から，$n=12$ である．

(3) 求める和は2桁の数9個の和である．

十の位には1，3，5が3回ずつ現れ，一の位にも同様に1，3，5が3回ずつ現れる．

したがって，その和は

$(1+3+5)\times3\times10+(1+3+5)\times3$

$=9\times3\times11=297$

である．

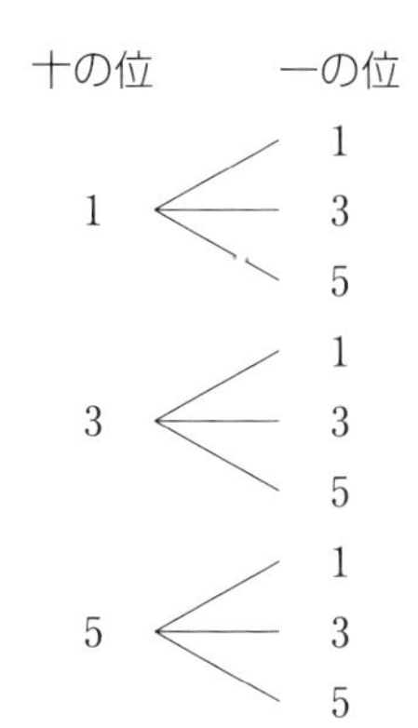

2 等差数列

3 (1) 第2項から初項を引くと，公差は $48-50=-2$ である．

したがって，一般項は

$$a_n=50+(n-1)\cdot(-2)$$ ← 2 ⓑを使います

$$=-2n+52$$

である．

(2) $S_n=\dfrac{1}{2}n\{2\cdot 50+(n-1)\cdot(-2)\}$ ← 2 ⓓを使います

$$=-n^2+51n$$

であるから，平方完成すると

$$S_n=-\left(n-\frac{51}{2}\right)^2+\left(\frac{51}{2}\right)^2$$ ← 以降は必要ないので計算しません

となる．

n は自然数であるから，S_n の値が最大となる n の値は

$$n=25,\ 26$$ ← $\dfrac{51}{2}=25.5$ ですから，$\left(n-\dfrac{51}{2}\right)^2$ が一番小さくなる n の値は2つあります

であり，このときの S_n の値は

$$S_{25}=S_{26}=-25^2+51\cdot 25=650$$

である．

Point 項を表す n
数列 $\{a_n\}$ の項の番号を表す n は自然数である．

別解 $a_n=-2(n-26)$ である．

$2\leqq n\leqq 25$ のとき，$a_n>0$ から，$S_{n-1}<S_n\ (=S_{n-1}+a_n)$

$n=26$ のとき，$a_{26}=0$ から，$S_{25}=S_{26}\ (=S_{25}+a_{26})$

$n\geqq 27$ のとき，$a_n<0$ から，$S_{n-1}>S_n\ (=S_{n-1}+a_n)$

よって，$S_1<S_2<\cdots\cdots<S_{25}=S_{26}>S_{27}>\cdots\cdots$ が成り立つ．

したがって，S_n の値が最大となるのは $n=25,\ 26$ のときであり，このとき

$$S_{25}=S_{26}=\frac{1}{2}\cdot 26\cdot(50+0)=650$$ ← 2 ⓒを使います

である．

4 $a,\ 1,\ a^2$ がこの順で等差数列であるから

$$2\cdot 1=a+a^2$$ ← 2 ⓔを使います

が成り立つ．

ここで，$a^2+a-2=0$ を解くと，$(a+2)(a-1)=0$ から

$$a=-2,\ 1$$

である．

$a=-2$ のとき，等差数列は -2，1，4 となり，公差は 3 である。
$a=1$ のとき，等差数列は 1，1，1 となり，公差は 0 である。
よって，公差が 0 でないとき，$a=-2$ である.

5 等差数列の初項を a，公差を d とすると

$$S_n=\frac{1}{2}n\{2a+(n-1)d\}$$

← 2 ⓓを使います

$S_5=45$，$S_{10}=140$ であるから

$$\begin{cases}\dfrac{1}{2}\cdot5\cdot\{2a+(5-1)d\}=45\\[2mm]\dfrac{1}{2}\cdot10\cdot\{2a+(10-1)d\}=140\end{cases}$$

すなわち

$$\begin{cases}a+2d=9\\2a+9d=28\end{cases}$$

← 条件は a と d の連立 1 次方程式になります

が成り立つ.
これを解くと，$a=5$，$d=2$ となるから

$$S_{15}=\frac{1}{2}\cdot15\cdot\{2\cdot5+(15-1)\cdot2\}=285$$

である.

別解 第 n 項を a_n，公差を d とすると，$a_{n+5}=a_n+5d$ であるから

$$\sum_{k=6}^{10}a_k=\sum_{k=1}^{5}(a_k+5d)=\sum_{k=1}^{5}a_k+25d$$

← 5 ⓐ，ⓒを使います

すなわち

$$S_{10}-S_5=S_5+25d$$

が成り立つ.
よって，$140-45=45+25d$ から，$d=2$ である.
同様に，$a_{n+10}=a_n+10d$ であるから

$$\sum_{k=11}^{15}a_k=\sum_{k=1}^{5}(a_k+10d)=\sum_{k=1}^{5}a_k+50d$$

↑ 5 ⓐ，ⓒを使います

すなわち

$$S_{15}-S_{10}=S_5+50d$$

が成り立つ.
よって

$$\begin{aligned}S_{15}&=S_{10}+S_5+50\cdot2\\&=140+45+100=285\end{aligned}$$

である.

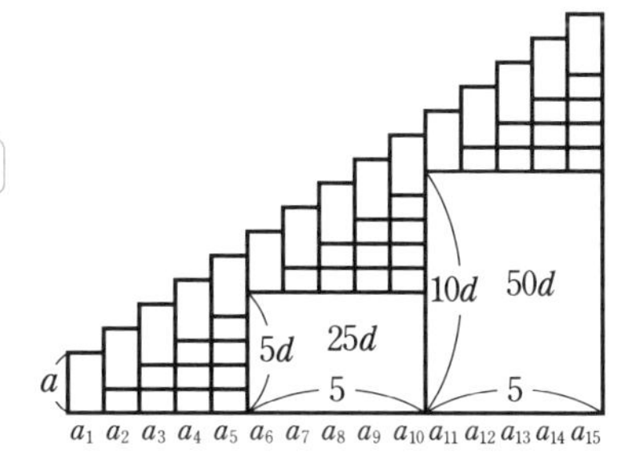

6　(1)　等差数列 $\{a_n\}$ の初項は 2，公差は $5-2=3$ であるから，その第 n 項は

$$2+(n-1)\cdot 3=3n-1$$ ← 2 ⓑを使います

である．

したがって，数列 $\{a_n\}$ の項が 100 以下であるのは

$$3n-1 \leqq 100$$

すなわち

$$n \leqq \frac{101}{3}=33.6\cdots\cdots$$

のときであり，n が自然数であることから

$$n=1,\ 2,\ 3,\ \cdots\cdots,\ 33$$

である．

よって，100 以下の項の総和は

$$\frac{1}{2}\cdot 33\cdot\{2\cdot 2+(33-1)\cdot 3\}=1650$$ ← 2 ⓓを使います

である．

(2)　等差数列 $\{b_n\}$ の公差は $7-3=4$ であるから，2 つの数列から作られる数列は，公差が 3 と 4 の最小公倍数 12 である等差数列である．

共通に現れる数のうちで最も小さいものは 11 であるから，作られた数列の第 n 項は

$$11+(n-1)\cdot 12=12n-1$$ ← 2 ⓑを使います

である．

(1)と同様に，項が 100 以下であるのは

$$12n-1 \leqq 100$$

すなわち

$$n \leqq \frac{101}{12}=8.4\cdots\cdots$$

のときであり，n が自然数であることから

$$n=1,\ 2,\ 3,\ \cdots\cdots,\ 8$$

である．

よって，100 以下の項の総和は

$$\frac{1}{2}\cdot 8\cdot\{2\cdot 11+(8-1)\cdot 12\}=424$$ ← 2 ⓓを使います

である．

JUMP UP!　(2)で求めた，共通の項から作られた数列の一般項は，「数学A」の整数の性質を用いると次のように導かれる．

(1)で調べたように，数列 $\{a_n\}$ の第 k 項は $3k-1$ である．

また，数列 $\{b_n\}$ は初項 3，公差 4 の等差数列であるから，その第 l

項は $3+(l-1)\cdot 4=4l-1$ である.

これらが等しいとき，$3k-1=4l-1$ より

$$3k=4l \quad \cdots\cdots①$$

である.

ここで，3 と 4 は互いに素であるから，k は 4 の倍数であり，自然数 n を用いて $k=4n$ と表すことができる.

($k=4n$ を①に代入すれば，$3\cdot 4n=4l$ から，$l=3n$)

したがって，2 つの数列に共通に現れる数は

$$3\cdot 4n-1=12n-1 \ (n \text{は自然数})$$

である.

3 等比数列

7 $a_2=ar$，$a_5=ar^4$ ← 3 ⓑを使います

であるから，$\dfrac{a_5}{a_2}=\dfrac{1}{64}$ より

$$\frac{ar^4}{ar}=\frac{1}{64}$$

$$r^3-\left(\frac{1}{4}\right)^3=0$$

$$\left(r-\frac{1}{4}\right)\left(r^2+\frac{r}{4}+\frac{1}{16}\right)=0$$

r は実数であるから，$r=\dfrac{1}{4}$ である.

また，初項から第 3 項までの和が 21 であるから

$$a+\frac{a}{4}+\frac{a}{4^2}=21$$ ← 和の公式を使わず直接計算しました

より

$$a=\frac{21}{1+\frac{1}{4}+\frac{1}{16}}=16$$

である.

よって

$$a=16, \quad r=\frac{1}{4}$$

である.

8　2，b，32 が，この順で等比数列であるから

$$b^2=2\cdot 32=64$$ ← 3 ⓔを使います

が成り立つ．

各項は正であるから

$$b=8$$

である．

同様に，a，2，8 が，この順で等比数列であるから

$$2^2=a\cdot 8$$ ← 3 ⓔを使います

が成り立つ．

したがって

$$a=\frac{1}{2}$$

である．

よって

$$a=\frac{1}{2},\quad b=8$$

である．

9　(1)　初項を a とする．

$r=1$ のとき，$S_4=10$，$S_8=30$ であるから

$4a=10$ より，$a=\dfrac{5}{2}$ ← 3 ⓓを使います

$8a=30$ より，$a=\dfrac{15}{4}$ ← 3 ⓓを使います

となるが，これらを同時に満たす a の値は存在しない．よって，$r\neq 1$ である．

$r\neq 1$ のとき，$S_4=10$，$S_8=30$ であるから

$$\frac{a(r^4-1)}{r-1}=10 \quad \cdots\cdots ①$$ ← 3 ⓒを使います

$$\frac{a(r^8-1)}{r-1}=30 \quad \cdots\cdots ②$$ ← 3 ⓒを使います

が成り立つ．

①の両辺は 0 でないから，②を①で割ると

$$\frac{a(r^8-1)}{r-1}\div\frac{a(r^4-1)}{r-1}=30\div 10$$ ← ①，②から割り算によって a を消去します

より

$$\frac{a(r^8-1)}{r-1}\times\frac{r-1}{a(r^4-1)}=3$$

よって

$$\frac{r^8-1}{r^4-1}=3$$

である．

(2)　$R=r^4$ とするとき，$r^8=(r^4)^2=R^2$ であるから，(1)の結果より

$$\frac{R^2-1}{R-1}=3$$

となる．

ここで

$$\frac{R^2-1}{R-1}=\frac{(R-1)(R+1)}{R-1}=R+1$$

であるから，$R+1=3$ より

$$R=2$$

である．

(3)　$r \neq 1$ であるから，初項から第 12 項までの和 S_{12} は

$$S_{12}=\frac{a(r^{12}-1)}{r-1}$$

← 3 ⓒを使います

$$=\frac{a(R^3-1)}{r-1}$$

$$=\frac{a(R-1)(R^2+R+1)}{r-1}$$

$$=\frac{a(r^4-1)}{r-1}\cdot(R^2+R+1)$$

となる．

①と(2)の結果から

$$S_{12}=10\cdot(2^2+2+1)=70$$

である．

JUMP UP!　(2)の結果と①を用いれば，a と r の値の組を 2 組求めることもできるが，計算が煩雑になるため，(3)では別の方法で求めた．

Point　a^n　b^n の因数分解

等比数列の和の公式から，次の恒等式が導かれる．

$$1-r^n=(1-r)(1+r+r^2+\cdots\cdots+r^{n-1})$$

ここで，$r=\frac{b}{a}$ とおき，両辺を a^n 倍すれば，次の恒等式が得られる．

$$a^n-b^n=(a-b)(a^{n-1}+a^{n-2}b+a^{n-3}b^2+\cdots\cdots+b^{n-1})$$

4 等差数列・等比数列の応用

10　1以上50以下の，5を分母とする分数を小さい順に並べた数列は

$$\frac{5}{5},\ \frac{6}{5},\ \frac{7}{5},\ \cdots\cdots,\ \frac{250}{5}$$

すなわち，初項 $\frac{5}{5}=1$，末項 $\frac{250}{5}=50$，公差 $\frac{1}{5}$ の等差数列で，その項数は

$$250-5+1=246$$

である．

このうち，既約分数でないのは分子が5の倍数の場合で，小さいものから順に並べると

$$\frac{5}{5}=1,\ \frac{10}{5}=2,\ \frac{15}{5}=3,\ \cdots\cdots,\ \frac{250}{5}=50$$

←初項1，公差1の等差数列です

となり，その項数は

$$50-1+1=50$$

である．

したがって，求める既約分数の総和は

$$\frac{1}{2}\cdot 246\cdot(1+50)-\frac{1}{2}\cdot 50\cdot(1+50)=4998$$

←2 ⓒを使います

である．

別解　k を自然数とするとき，k 以上 $k+1$ 以下の，5を分母とする既約分数は

$$\frac{5k+1}{5},\ \frac{5k+2}{5},\ \frac{5k+3}{5},\ \frac{5k+4}{5}$$

であり，その和は

$$\frac{5k+1}{5}+\frac{5k+2}{5}+\frac{5k+3}{5}+\frac{5k+4}{5}=4k+2$$

である．

数列 $\{4k+2\}$ $(k=1,\ 2,\ 3,\ \cdots\cdots)$ は初項6，公差4の等差数列であるから，1以上50以下の5を分母とする既約分数の総和は，この等差数列の初項から第49項までの和で

$$\frac{1}{2}\cdot 49\cdot\{2\cdot 6+(49-1)\cdot 4\}=4998$$

2 ⓓを使います

である．

11　(1)　2年後の借入残高に1年分の利息が付いた額から，1年分の返済額を引いたものであるから

$$\{d(1+r)^2-p\{(1+r)+1\}\}(1+r)-p$$
$$=d(1+r)^3-p\{(1+r)^2+(1+r)+1\}$$

である.

(2)　r は正の定数であるから，$1+r \neq 1$ である.

n 年後の借入残高は，無返済時の n 年後の利息が付いた借入残高から，n 年後までの利息が付いた各年の返済額の合計を引いたものに等しい.

無返済時の借入残高は利息が付き，毎年 $1+r$ 倍になるので，無返済時の n 年後の借入残高は

$$d(1+r)^n$$

である.

各年の返済額は利息が付き，それぞれ毎年 $1+r$ 倍になるので，n 年後までの返済額の合計は

$$p(1+r)^{n-1}+p(1+r)^{n-2}+\cdots\cdots+p(1+r)+p$$
$$=p\{1+(1+r)+\cdots\cdots+(1+r)^{n-2}+(1+r)^{n-1}\}$$

である.

ここで，$1+(1+r)+\cdots\cdots+(1+r)^{n-2}+(1+r)^{n-1}$ は，初項 1，公比 $1+r$ の等比数列の初項から第 n 項までの和であるから

$$p\{1+(1+r)+\cdots\cdots+(1+r)^{n-2}+(1+r)^{n-1}\}$$
$$=p\cdot\frac{1\cdot\{(1+r)^n-1\}}{(1+r)-1}=\frac{p\{(1+r)^n-1\}}{r}$$

← 3 ⓒを使います

となる.

したがって，n 年後の借入残高は

$$d(1+r)^n-\frac{p\{(1+r)^n-1\}}{r}$$

である.

5　Σの性質

12　第 k 項が $k(k+1)$ である数列の初項から第 20 項までの和であるから

$$\sum_{k=1}^{20}k(k+1)=\sum_{k=1}^{20}(k^2+k)=\sum_{k=1}^{20}k^2+\sum_{k=1}^{20}k$$

← 5 ⓐを使います

$$=\frac{1}{6}\cdot 20\cdot(20+1)\cdot(2\cdot 20+1)+\frac{1}{2}\cdot 20\cdot(20+1)$$

← 5 ⓓ，ⓔを使います

$$=2870+210=3080$$

別解　$k(k+1)(k+2)-(k-1)k(k+1)$
$$=\{(k+2)-(k-1)\}k(k+1)=3k(k+1)$$

← 本冊 p.18 例題 1 別解の考え方と同じです

が成り立つので

$$3\sum_{k=1}^{20}k(k+1)=-\sum_{k=1}^{20}\{(k-1)k(k+1)-k(k+1)(k+2)\}$$

－を付けて，項の順序を変えました

$$=-\{(0\cdot1\cdot2-1\cdot2\cdot3)+(1\cdot2\cdot3-2\cdot3\cdot4)+\cdots\cdots+(19\cdot20\cdot21-20\cdot21\cdot22)\}$$

$$=20\cdot21\cdot22$$

したがって

$$\sum_{k=1}^{20}k(k+1)=\frac{1}{3}\cdot20\cdot21\cdot22=3080$$

である．

13　与えられた数列の第 k 項は，初項 1，公差 2，項数 k の等差数列の和であるから

$$\frac{1}{2}k\{2\cdot1+(k-1)\cdot2\}=k^2$$

2 ⓓを使います

で表される．

したがって，与えられた数列の初項から第 24 項までの和は

$$\sum_{k=1}^{24}k^2=\frac{1}{6}\cdot24\cdot(24+1)\cdot(2\cdot24+1)=4900$$

5 ⓔを使います

である．

14　求める和は，第 k 項が

$$3+3\cdot10^1+3\cdot10^2+\cdots\cdots+3\cdot10^{k-1}$$

で表される数列の初項から第 n 項までの和である．

この数列の第 k 項は，初項 3，公比 10，項数 k の等比数列の和であるから

$$\frac{3(10^k-1)}{10-1}=\frac{1}{3}(10^k-1)$$

3 ⓒを使います

で表される．

したがって，求める和は

初項 $\frac{10}{3}$，公比 10，項数 n の等比数列の和です

$$\sum_{k=1}^{n}\frac{1}{3}(10^k-1)=\sum_{k=1}^{n}\frac{10^k}{3}-\sum_{k=1}^{n}\frac{1}{3}$$

5 ⓐを使います

$$=\sum_{k=1}^{n}\left(\frac{10}{3}\cdot10^{k-1}\right)-\sum_{k=1}^{n}\frac{1}{3}=\frac{\frac{10}{3}(10^n-1)}{10-1}-\frac{1}{3}n$$

3 ⓒ，5 ⓒを使います

$$=\frac{1}{27}(10^{n+1}-9n-10)$$

である．

Point

$r\neq1$ のとき

$$\sum_{k=1}^{n}ar^{k-1}=\frac{a(1-r^n)}{1-r}=\frac{a(r^n-1)}{r-1}$$

6 階差数列

15 (1) 数列 $\{a_n\}$ の階差数列が $\{6n+2\}$ であるから，$n \geqq 2$ のとき

$$a_n = 0 + \sum_{k=1}^{n-1}(6k+2)$$

← 6 ⓑを使います

$$= 6 \cdot \frac{1}{2}(n-1)\{(n-1)+1\} + 2(n-1)$$

← 5 ⓒ，ⓓの n を $n-1$ に換えて使います

$$= 3(n-1)n + 2(n-1)$$

$$= 3n^2 - n - 2$$

必ず $n=1$ の場合を確認します

この式に $n=1$ を代入すると 0 となり，a_1 に一致する．

よって，すべての自然数 n について

$$a_n = 3n^2 - n - 2$$

である．

(2) $S_n = \sum_{k=1}^{n} a_k = \sum_{k=1}^{n}(3k^2 - k - 2)$

$$= 3 \cdot \frac{1}{6}n(n+1)(2n+1) - \frac{1}{2}n(n+1) - 2n$$

← 5 ⓒ〜ⓔを使います

$$= \frac{1}{2}n\{(n+1)(2n+1) - (n+1) - 4\}$$

$$= \frac{1}{2}n(2n^2 + 2n - 4) = n^3 + n^2 - 2n$$

であるから，$S_n > 2017n$ より

$$n^3 + n^2 - 2n > 2017n$$

n は自然数なので，n で割って変形すると

$$n^2 + n > 2019$$

$$n(n+1) > 2019$$

となる．

ここで，n が自然数の範囲で増加するとき，$n+1$ は正の値をとって増加するから，$n(n+1)$ も増加する．

したがって，$44 \cdot 45 = 1980$，$45 \cdot 46 = 2070$ から，$S_n > 2017n$ を満たす最小の自然数 n は 45 である．

JUMP UP! $n^2 + n - 2019 > 0$ を 2 次不等式と考えて解こうとすると，2 次方程式 $n^2 + n - 2019 = 0$ の解が $n = \dfrac{-1 \pm \sqrt{8077}}{2}$ であることから $\sqrt{8077}$ の計算が必要となる．

ここでは，n が自然数であるので，$n(n+1) \fallingdotseq n^2$ から

$\sqrt{2019} \fallingdotseq 10\sqrt{20} = 20\sqrt{5} \fallingdotseq 20 \times 2.2 = 44$ に近い n の値について調べて $44 \cdot 45 = 1980$, $45 \cdot 46 = 2070$ を得た.

Point　1から $n-1$ までの和の公式

$$\sum_{k=1}^{n-1} k = \frac{1}{2}(n-1)\{(n-1)+1\} = \frac{1}{2}n(n-1)$$

$$\sum_{k=1}^{n-1} k^2 = \frac{1}{6}(n-1)\{(n-1)+1\}\{2(n-1)+1\} = \frac{1}{6}n(n-1)(2n-1)$$

$$\sum_{k=1}^{n-1} k^3 = \left[\frac{1}{2}(n-1)\{(n-1)+1\}\right]^2 = \left\{\frac{1}{2}n(n-1)\right\}^2$$

（5 ⓓ～ⓕにおいて n を $n-1$ に換えると，5 ⓓ～ⓕの＋を－に換えたものになる.）

16 (1)　数列 $\{a_n\}$, $\{b_n\}$, $\{c_n\}$ を順に書き並べると，以下のようになる.

$\{a_n\}$：1,　5,　7,　11,　13,　⑰,　19,　23,　……

$\{b_n\}$：　4,　2,　4,　2,　4,　②,　4,　……

$\{c_n\}$：　　-2,　2,　-2,　2,　-2,　②,　……

したがって，$a_6=17$, $b_6=2$, $c_6=2$ である.

(2)　数列 $\{c_n\}$ は，初項 -2，公比 -1 の等比数列であるから，一般項は

$$c_n = (-2)\cdot(-1)^{n-1}$$

である.

$b_1=4$ であるから，$n \geqq 2$ のとき

$$b_n = 4 + \sum_{k=1}^{n-1} c_k$$ ← 6 ⓑを使います

$$= 4 + \sum_{k=1}^{n-1} \{(-2)\cdot(-1)^{k-1}\}$$

$$= 4 + \frac{-2\{1-(-1)^{n-1}\}}{1-(-1)}$$ ← 3 ⓒの n を $n-1$ に換えて使います

$$= 3 + (-1)^{n-1}$$

この式に $n=1$ を代入すると4となり，b_1 に一致する.　← 必ず $n=1$ の場合を確認します

よって，すべての自然数 n について $b_n = 3 + (-1)^{n-1}$ である.

$a_1=1$ であるから，$n \geqq 2$ のとき

$$a_n = 1 + \sum_{k=1}^{n-1} b_k$$ ← 6 ⓑを使います

$$= 1 + \sum_{k=1}^{n-1} \{3 + (-1)^{k-1}\}$$

$$= 1 + 3(n-1) + \frac{1\cdot\{1-(-1)^{n-1}\}}{1-(-1)}$$ ← 5 ⓒを使います　← 3 ⓒの n を $n-1$ に換えて使います

$$= \frac{(-1)^n + 6n - 3}{2}$$

この式に $n=1$ を代入すると 1 となり，a_1 に一致する．
よって，すべての自然数 n について

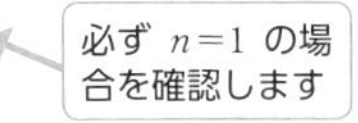

$$a_n=\frac{(-1)^n+6n-3}{2}$$

である．

JUMP UP!　(2)では，数列 $\{c_n\}$ が初項 -2，公比 -1 の等比数列であることを用いたが，これは(1)を解く過程から類推されることである．（出題の意図からこの解答で十分であると考えるが，）きちんと解こうとすると以下のような解答になる．

整数を 6 で割った余りは 0 から 5 までの整数であるから，すべての整数は，整数 k を用いて

$$6k,\ 6k+1,\ 6k+2,\ 6k+3,\ 6k+4,\ 6k+5$$

のいずれかの形で表すことができる．

このうち，2 でも 3 でも割り切れない自然数は，0 以上の整数 k を用いて $6k+1$，$6k+5$ の形で表されるものである．

したがって，これらを小さい順に並べた数列 $\{a_n\}$ の奇数番目の項は，初項 1，公差 6 の等差数列，偶数番目の項は，初項 5，公差 6 の等差数列である．

ここで，m を自然数とすると，正の奇数を小さい順に並べた数列は $\{2m-1\}$，正の偶数を小さい順に並べた数列は $\{2m\}$ であるから，数列 $\{a_n\}$ の一般項 a_n は

(i)　n が奇数のとき，$n=2m-1$ より

n は（小さい順で）m 番目の正の奇数です

$$a_n=a_{2m-1}=1+(m-1)\cdot 6=6m-5$$

(ii)　n が偶数のとき，$n=2m$ より

n は（小さい順で）m 番目の正の偶数です

$$a_n=a_{2m}=5+(m-1)\cdot 6=6m-1$$

となる．

これより，数列 $\{a_n\}$ の階差数列 $\{b_n\}$ を求めると

(i)　n が奇数のとき，$n=2m-1$ より

$$b_n=b_{2m-1}=a_{2m}-a_{2m-1}$$
$$=(6m-1)-(6m-5)=4$$

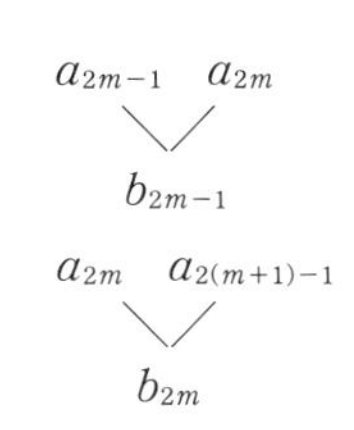

(ii)　n が偶数のとき，$n=2m$ より

$$b_n=b_{2m}=a_{2(m+1)-1}-a_{2m}$$
$$=\{6(m+1)-5\}-(6m-1)=2$$

となり，同様に，数列 $\{b_n\}$ の階差数列 $\{c_n\}$ を求めると

(i)　n が奇数のとき，$n=2m-1$ より

$$c_n=c_{2m-1}=b_{2m}-b_{2m-1}=2-4=-2$$

(ii)　n が偶数のとき，$n=2m$ より

$$c_n=c_{2m}=b_{2(m+1)-1}-b_{2m}=4-2=2$$

である．

b_{2m-1}　b_{2m} → c_{2m-1}

b_{2m}　$b_{2(m+1)-1}$ → c_{2m}

したがって，数列 $\{c_n\}$ は，初項 -2，公比 -1 の等比数列である．

以下，解答と同様にして，数列 $\{a_n\}$ の一般項を求めることができる．

また，数列 $\{a_n\}$ の一般項を求めるのが目的であるから，数列 $\{c_n\}$ の一般項を求めずに

(i)　n が奇数のとき，$n=2m-1$ より，$m=\frac{n+1}{2}$ であるから

$$a_n=a_{2m-1}=6m-5=6\cdot\frac{n+1}{2}-5=3n-2$$

(ii)　n が偶数のとき，$n=2m$ より，$m=\frac{n}{2}$ であるから

$$a_n=a_{2m}=6m-1=6\cdot\frac{n}{2}-1=3n-1$$

よって

$$a_n=\begin{cases}3n-2 & (n\text{ は奇数})\\ 3n-1 & (n\text{ は偶数})\end{cases}$$

としてもよい．

7　数列の和と一般項

17　(1)　$a_{11}+a_{12}+a_{13}+\cdots\cdots+a_{20}$

$=(a_1+a_2+a_3+\cdots\cdots+a_{20})-(a_1+a_2+a_3+\cdots\cdots+a_{10})$

$=S_{20}-S_{10}$

$=\left(\frac{1}{3}\cdot20^3-\frac{5}{2}\cdot20^2+\frac{1}{6}\cdot20\right)-\left(\frac{1}{3}\cdot10^3-\frac{5}{2}\cdot10^2+\frac{1}{6}\cdot10\right)$

$=\frac{8000-1000}{3}-\frac{5\cdot(400-100)}{2}+\frac{20-10}{6}$

$=\frac{7000}{3}-750+\frac{5}{3}=1585$

(2) $a_1=S_1=\frac{1}{3}\cdot1^3-\frac{5}{2}\cdot1^2+\frac{1}{6}\cdot1=-2$

$n\geqq2$ のとき

$$a_n=S_n-S_{n-1}$$

S_n の式において n を $n-1$ に換えて使います

$$=\left(\frac{1}{3}n^3-\frac{5}{2}n^2+\frac{1}{6}n\right)-\left\{\frac{1}{3}(n-1)^3-\frac{5}{2}(n-1)^2+\frac{1}{6}(n-1)\right\}$$

$$=\frac{1}{3}(3n^2-3n+1)-\frac{5}{2}(2n-1)+\frac{1}{6}\cdot1$$

$$=n^2-6n+3$$

この式に $n=1$ を代入すると -2 となり，a_1 に一致する.

必ず $n=1$ の場合を確認します

よって，すべての自然数 n について

$$a_n=n^2-6n+3$$

である.

18 $a_1=1^2-2\cdot1=-1$

$n\geqq2$ のとき

n を $n-1$ に換えて使います

$$a_n=(n^2-2n)-\{(n-1)^2-2(n-1)\}=2n-3$$

この式に $n=1$ を代入すると -1 となり，a_1 に一致する.

必ず $n=1$ の場合を確認します

よって，すべての自然数 n について

$$a_n=2n-3$$

である.

このとき

a_n の式において n を $2k-1$ に換えて求めます

$$T_n=\sum_{k=1}^{n}a_{2k-1}=\sum_{k=1}^{n}\{2(2k-1)-3\}$$

$$=\sum_{k=1}^{n}(4k-5)=4\cdot\frac{1}{2}n(n+1)-5n$$

5 ⓒ，ⓓを使います

$$=2n^2-3n$$

である.

8 いろいろな数列の和

19 $S=\sum_{k=2}^{2018}(-1)^{k+1}k$ とする．

$$S=-2+3-4+\cdots\cdots-2016+2017-2018$$

$$-S=\quad 2-3+4-\cdots\cdots+2016-2017+2018$$

等比数列 $\{(-1)^{k+1}\}$ の公比 -1 を掛けて引き算します

より，S から $-S$ を引くと

$$S-(-S)=-2+\underline{1-1+1-\cdots\cdots+1-1}-2018$$

初項 1，公比 -1，項数 2016 の等比数列の和です

$$=-2+\frac{1\cdot\{1-(-1)^{2016}\}}{1-(-1)}-2018$$

3 ⓒを使います
また，項数が偶数より和は 0 になります

$$=-2020$$

となる．

よって，$2S=-2020$ から

$$S=-1010$$

すなわち

$$\sum_{k=2}^{2018}(-1)^{k+1}k=-1010$$

である．

別解1 $\sum_{k=2}^{2018}(-1)^{k+1}k=-2+3-4+\cdots\cdots-2016+2017-2018$

$$=-(2+4+\cdots\cdots+2018)+(3+5+\cdots\cdots+2017)$$

$2\cdot1+2\cdot2+\cdots\cdots+2\cdot1009$

$(2\cdot1+1)+(2\cdot2+1)+\cdots\cdots+(2\cdot1008+1)$

$$=-\sum_{k=1}^{1009}2k+\sum_{k=1}^{1008}(2k+1)$$

$$=-2\cdot\frac{1}{2}\cdot1009\cdot(1009+1)$$

$$+\left\{2\cdot\frac{1}{2}\cdot1008\cdot(1008+1)+1008\right\}$$

5 ⓒ，ⓓを使います

$$=1009\cdot(-1010+1008)+1008=-1010$$

$-\sum_{k=1}^{1009}2k+\sum_{k=1}^{1008}(2k+1)$
$=-\sum_{k=1}^{1008}2k-2\cdot1009$
$+\sum_{k=1}^{1008}2k+1008$
$=-2018+1008$
$=-1010$
と計算してもよいです

別解2 $\sum_{k=2}^{2018}(-1)^{k+1}k=-2+3-4+\cdots\cdots-2016+2017-2018$

$$=(-2+3)+(-4+5)+\cdots\cdots+(-2016+2017)-2018$$

(　) 内の最初の数は，$-2\cdot1$，$-2\cdot2$，……，$-2\cdot1008$ ですから，(　) は全部で 1008 個です

$$=\underbrace{1+1+\cdots\cdots+1}_{1008\text{個}}-2018=1008-2018=-1010$$

20 $S=\sum_{k=1}^{2019}\frac{1}{k^2+5k+6}$ とする.

$$\frac{1}{k^2+5k+6}=\frac{1}{(k+2)(k+3)}=\frac{1}{k+2}-\frac{1}{k+3}$$

であるから

$$S=\left(\frac{1}{3}-\frac{1}{4}\right)+\left(\frac{1}{4}-\frac{1}{5}\right)+\cdots\cdots+\left(\frac{1}{2021}-\frac{1}{2022}\right)$$

$$=\frac{1}{3}-\frac{1}{2022}=\frac{673}{2022}$$

となる.

よって

$$\sum_{k=1}^{2019}\frac{1}{k^2+5k+6}=\frac{673}{2022}$$

である.

21 $S=\sum_{k=1}^{48}\frac{1}{\sqrt{k}+\sqrt{k+2}}$ とする.

分母を有理化すると

$$\frac{1}{\sqrt{k}+\sqrt{k+2}}=\frac{\sqrt{k}-\sqrt{k+2}}{k-(k+2)}=-\frac{1}{2}(\sqrt{k}-\sqrt{k+2})$$

であるから

$$S=-\frac{1}{2}\{(\sqrt{1}-\sqrt{3})+(\sqrt{2}-\sqrt{4})+(\sqrt{3}-\sqrt{5})+(\sqrt{4}-\sqrt{6})+$$
$$\cdots\cdots+(\sqrt{46}-\sqrt{48})+(\sqrt{47}-\sqrt{49})+(\sqrt{48}-\sqrt{50})\}$$

$$=-\frac{1}{2}\{(\sqrt{1}+\sqrt{2}+\sqrt{3}+\sqrt{4}+\cdots\cdots+\sqrt{46}+\sqrt{47}+\sqrt{48})$$
$$-(\sqrt{3}+\sqrt{4}+\sqrt{5}+\sqrt{6}+\cdots\cdots+\sqrt{48}+\sqrt{49}+\sqrt{50})\}$$

$$=-\frac{1}{2}(\sqrt{1}+\sqrt{2}-\sqrt{49}-\sqrt{50})$$

$$=3+2\sqrt{2}$$

となる.

よって

$$\sum_{k=1}^{48}\frac{1}{\sqrt{k}+\sqrt{k+2}}=3+2\sqrt{2}$$

である.

22　(1)　$a_n=1+(n-1)\cdot 2=2n-1$　← 2 ⓑを使います

(2)　$b_n=1\cdot 2^{n-1}=2^{n-1}$　← 3 ⓑを使います

(3)　(1)，(2)の結果から

$$S_n=\sum_{k=1}^{n}(2k-1)\cdot 2^{k-1}$$
$$=1\cdot 1+3\cdot 2+5\cdot 2^2+\cdots\cdots+(2n-1)\cdot 2^{n-1}$$

等比数列 $\{2^{k-1}\}$ の公比 2 を掛けて引き算します

である．したがって，$n\geqq 2$ のとき

$$2S_n=\qquad 1\cdot 2+3\cdot 2^2+5\cdot 2^3+\quad\cdots\cdots\quad+(2n-1)\cdot 2^n$$

より，S_n から $2S_n$ を引くと

$$S_n-2S_n=1\cdot 1+\underbrace{2\cdot 2+2\cdot 2^2+\cdots\cdots+2\cdot 2^{n-1}}-(2n-1)\cdot 2^n$$

となる．

初項 4，公比 2，項数 $n-1$ の等比数列の和です

よって

$$-S_n=1+\frac{4(2^{n-1}-1)}{2-1}-(2n-1)\cdot 2^n$$
$$=-(2n-3)\cdot 2^n-3$$

3 ⓒを使います

から

$$S_n=(2n-3)\cdot 2^n+3$$

である．

この式に $n=1$ を代入すると 1 となり，$S_1=1\cdot 1=1$ に一致する．

よって，すべての自然数 n について

$$S_n=(2n-3)\cdot 2^n+3$$

である．

(4)　$$\frac{1}{a_ka_{k+1}}=\frac{1}{(2k-1)\{2(k+1)-1\}}=\frac{1}{(2k-1)(2k+1)}$$

である．

ここで，$\dfrac{1}{2k-1}-\dfrac{1}{2k+1}=\dfrac{2}{(2k-1)(2k+1)}$ より

$$\frac{1}{(2k-1)(2k+1)}=\frac{1}{2}\left(\frac{1}{2k-1}-\frac{1}{2k+1}\right)$$

であるから

$$T_n=\frac{1}{2}\left(\frac{1}{1}-\frac{1}{3}\right)+\frac{1}{2}\left(\frac{1}{3}-\frac{1}{5}\right)+\cdots\cdots+\frac{1}{2}\left(\frac{1}{2n-1}-\frac{1}{2n+1}\right)$$
$$=\frac{1}{2}\left\{\left(\frac{1}{1}-\frac{1}{3}\right)+\left(\frac{1}{3}-\frac{1}{5}\right)+\cdots\cdots+\left(\frac{1}{2n-1}-\frac{1}{2n+1}\right)\right\}$$
$$=\frac{1}{2}\left(\frac{1}{1}-\frac{1}{2n+1}\right)=\frac{n}{2n+1}$$

である．

9 群数列

23 (1) 第 k 番目の区画には 2^{k-1} 個の奇数が入っている.

$n \geqq 2$ のとき，第 1 番目の区画から第 $n-1$ 番目の区画までの奇数の個数は

$$\sum_{k=1}^{n-1} 2^{k-1} = \frac{2^0(2^{n-1}-1)}{2-1} = 2^{n-1}-1$$

← 3 ⓒを使います

$n=1$ では定義できません

である.

したがって，第 n 番目の区画の最初の数は，$(2^{n-1}-1)+1=2^{n-1}$ 番目 の正の奇数

$$2 \cdot 2^{n-1}-1=2^n-1$$

$n=1$ で成り立つことを示します

である. この式において $n=1$ とすると，$2^1-1=1$ となり，第 1 番目の区画の最初の数に一致する.

よって，すべての自然数 n に対して，第 n 番目の区画の最初の数は 2^n-1 である.

(2) (1)の結果から，第 n 番目の区画の数は，初項 2^n-1，公差 2，項数 2^{n-1} の等差数列であるから，その和は

$$\frac{1}{2} \cdot 2^{n-1} \cdot \{2 \cdot (2^n-1)+(2^{n-1}-1) \cdot 2\} = 3 \cdot 2^{2n-2}-2^n$$

2 ⓓを使います

である.

(3) (1)の結果から，2017 が第 n 番目の区画に入る必要十分条件は，n が

$$2^n-1 \leqq 2017 \quad \cdots\cdots ①$$

を満たす最大の自然数となることである.

①から $2^n \leqq 2018$ となり，$2^{10}=1024$，$2^{11}=2048$ より，①を満たす最大の自然数 n は 10 である.

(1)より，第 10 番目の区画の最初の数は $2^{10}-1=1023$ であるから，第 10 番目の区画の m 番目の数は

2 ⓑを使います

$$1023+(m-1) \cdot 2=2m+1021$$

となる.

したがって，$2m+1021=2017$ から，$m=498$ である.

よって，2017 は 第 10 番目の区画の 498 番目の数である.

24 数列を k 番目の区画に $2k$ 個の項が入るように分けて考える.

1 番目 2 番目 3 番目 4 番目

$$1,\ 2 \mid 1,\ 2,\ 3,\ 2 \mid 1,\ 2,\ 3,\ 4,\ 3,\ 2 \mid 1,\ 2,\ 3,\ 4,\ 5,\ 4,\ \cdots\cdots$$

このとき，k 番目の区画の中の数列は

$$\begin{cases}\text{前半の } k \text{ 項は初項 } 1,\ \text{公差 } 1 \text{ の等差数列} \\ \text{後半の } k \text{ 項は初項 } k+1,\ \text{公差 } -1 \text{ の等差数列}\end{cases} \quad \cdots\cdots ①$$

である.

また，1番目の区画から n 番目の区画までに含まれる項数は

$$\sum_{k=1}^{n} 2k = 2\cdot\frac{1}{2}n(n+1) = n(n+1)$$

である.　　5 ⓓを使います

したがって，第2017項が n 番目の区画に入る必要十分条件は，n が

$$n(n+1) \geqq 2017 \quad \cdots\cdots ②$$

を満たす最小の自然数となることである.

ここで，$44\cdot45=1980$，$45\cdot46=2070$

より，②を満たす最小の自然数 n は 45 である.

> $n(n+1) \fallingdotseq n^2$ より
> $n \fallingdotseq \sqrt{2017}$
> $\fallingdotseq \sqrt{2000} = 20\sqrt{5}$
> $\fallingdotseq 20\cdot2.2 = 44$
> のあたりの数を考えます

よって，第2017項は45番目の区画に入る.

このとき，44番目の区画の最後までに含まれる項数は $44\cdot45=1980$ であり，$2017-1980=37$ から，第2017項は45番目の区画の中で37番目の項である.

45番目の区画

$$|1,\ 2,\ 3,\ \cdots\cdots,\ 45,\ 46,\ 45,\ 44,\ \cdots\cdots,\ 3,\ 2|$$

①より，45番目の区画の中で37番目の項である第2017項は37である.

また，k 番目の区画の中の数列の和は

$$\frac{1}{2}k\{2\cdot1+(k-1)\cdot1\}+\frac{1}{2}k\{2(k+1)+(k-1)\cdot(-1)\}=k^2+2k$$　← 2 ⓓを使います

であり，45番目の区画の中で初項から37番目までの項は，初項1，公差1の等差数列をなすから，初項から第2017項までの和は

$$\sum_{k=1}^{44}(k^2+2k)+\frac{1}{2}\cdot37\cdot\{2\cdot1+(37-1)\cdot1\}$$　← 2 ⓓを使います

$$=\frac{1}{6}\cdot44\cdot(44+1)\cdot(2\cdot44+1)+2\cdot\frac{1}{2}\cdot44\cdot(44+1)+703=32053$$　← 5 ⓓ，ⓔを使います

である.

Point　群数列 $\{a_n\}$ の第 k 項 a_k が第 m 群に含まれる条件

> 群数列 $\{a_n\}$ の第 m 群の最初を第 $f(m)$ 項，最後を第 $l(m)$ 項とすると，第 k 項が第 m 群に含まれる必要十分条件には
> (1)　$f(m) \leqq k \leqq l(m)$
> (2)　m が　$l(m) \geqq k$　を満たす最小の自然数（本冊 p.30 例題 **2**(1)，24）
> (3)　m が　$f(m) \leqq k$　を満たす最大の自然数
> などがある.
> 特に，n が増えるに従い数列の項 a_n の値が増えるときには
> (4)　$a_{f(m)} \leqq a_k \leqq a_{l(m)}$
> (5)　m が　$a_{l(m)} \geqq a_k$　を満たす最小の自然数
> (6)　m が　$a_{f(m)} \leqq a_k$　を満たす最大の自然数
> （本冊 p.28 例題 **1**(3)，23(3)）
> などがある.

25 (1) 分母が共通の項を1つの群とみなすと，第 k 群は分母が k の分数 k 項からなる．

第1群 第2群 第3群 第4群 第5群

$$\frac{1}{1}\Big|\frac{1}{2},\ \frac{3}{2}\Big|\frac{1}{3},\ \frac{3}{3},\ \frac{5}{3}\Big|\frac{1}{4},\ \frac{3}{4},\ \frac{5}{4},\ \frac{7}{4}\Big|\frac{1}{5},\ \frac{3}{5},\ \frac{5}{5},\ \frac{7}{5},\ \frac{9}{5}\Big|\frac{1}{6},\ \cdots\cdots$$

このとき，分子は初項1，公差2の等差数列であるから，第 k 群の第 l 項は

$$\frac{1+(l-1)\cdot 2}{k}=\frac{2l-1}{k}$$

である． 2 ⓑを使います

分母が自然数，分子が正の奇数である分数で，値が $\frac{9}{11}$ と一致するものは，分母の小さい方から $\frac{9}{11}$，$\frac{27}{33}$ である．

ここで，$\frac{9}{11}$ は，$2l-1=9$ より $l=5$ であるから，第11群の第5項であり，$\frac{27}{33}$ は，$2l-1=27$ より $l=14$ であるから，第33群の第14項である．

第 k 群に含まれる項数は k であるから，第11群の第5項までの項数は

$$\sum_{k=1}^{10}k+5=\frac{1}{2}\cdot 10\cdot(10+1)+5=60$$ 5 ⓓを使います

第33群の第14項までの項数は 5 ⓓを使います

$$\sum_{k=1}^{32}k+14=\frac{1}{2}\cdot 32\cdot(32+1)+14=542$$

よって，第 n 項の値が $\frac{9}{11}$ と一致するような n は小さい方から 60，542 である．

(2) (1)と同様に考えると，$2l-1=5$ より $l=3$ であるから，初めて $\frac{5}{9}$ が現れるのは，第9群の第3項である．

第 k 群に含まれる項の和は 5 ⓒ，ⓓを使います

$$\sum_{l=1}^{k}\frac{2l-1}{k}=\frac{1}{k}\left\{2\cdot\frac{1}{2}k(k+1)-k\right\}=k$$

であるから，第9群の第3項までの項の和は

$$\sum_{k=1}^{8}k+\left(\frac{1}{9}+\frac{3}{9}+\frac{5}{9}\right)=\frac{1}{2}\cdot 8\cdot(8+1)+1=37$$

である． 5 ⓓを使います

26 (1) 数列 $\{a_n\}$ の階差数列 $\{b_n\}$ の第1項から第8項は，3，5，7，9，11，13，15，17となるので，数列 $\{b_n\}$ は，初項3，公差2の等差数列である．

よって，数列 $\{b_n\}$ の一般項は

$$3+(n-1)\cdot 2=2n+1$$

となる.

2 ⓑを使います

したがって，$n\geqq 2$のとき

$$a_n=0+\sum_{k=1}^{n-1}(2k+1)$$

6 ⓑを使います

$$=2\cdot\frac{1}{2}(n-1)n+(n-1)$$

5 ⓒ，ⓓを使います

$$=n^2-1$$

である.

$n=1$ の場合を確認します

また，この式に $n=1$ を代入すると $1^2-1=0$ となり，a_1 と一致する.

よって，数列 $\{a_n\}$ の一般項は n^2-1 である.

(2)　初項から第 n 項までの和を $S(n)$ とすると

$$S(n)=\sum_{k=1}^{n}a_k=\sum_{k=1}^{n}(k^2-1)$$

$$=\frac{1}{6}n(n+1)(2n+1)-n$$

5 ⓒ，ⓔを使います

$$=\frac{1}{6}n\{(2n^2+3n+1)-6\}$$

$$=\frac{1}{6}n(n-1)(2n+5)$$

である.

(3)　第 k 番目の区画に含まれる項数は 2^k 個であるから，第 1 番目の区画から第 m 番目の区画までのすべての項数は

初項 2，公比 2，項数 m の等比数列の和です

$$\sum_{k=1}^{m}2^k=\sum_{k=1}^{m}(2\cdot 2^{k-1})=\frac{2(2^m-1)}{2-1}=2^{m+1}-2$$

3 ⓒを使います

である.

したがって，第 m 番目の区画の最後の項は数列 $\{a_n\}$ の第 $2^{m+1}-2$ 項であり，(1)の結果から，その値は

$$(2^{m+1}-2)^2-1=(2^{m+1})^2-2\cdot 2^{m+1}\cdot 2+4-1=2^{2m+2}-2^{m+3}+3$$

である.

(4)　(3)の前半で調べたように，第 m 番目の区画の最後の項は数列 $\{a_n\}$ の第 $2^{m+1}-2$ 項であり，同様に，$m\geqq 2$ のとき，第 $m-1$ 番目の区画の最後の項は数列 $\{a_n\}$ の第 2^m-2 項である.

ここで，第 m 番目の区画に入る項の和を $T(m)$ とし，(2)の結果を用いると $m\geqq 2$ のとき

$$T(m)=S(2^{m+1}-2)-S(2^m-2)$$

$$=\frac{1}{6}(2^{m+1}-2)\{(2^{m+1}-2)-1\}\{2(2^{m+1}-2)+5\}$$

$$-\frac{1}{6}(2^m-2)\{(2^m-2)-1\}\{2(2^m-2)+5\}$$

ここで，$2^m=M$ と置き換えて計算すると

$$T(m)=\frac{1}{6}(2M-2)(2M-3)(4M+1)-\frac{1}{6}(M-2)(M-3)(2M+1)$$

$$=\frac{1}{6}(14M^3-27M^2+7M)$$

もとに戻すと

$$T(m)=\frac{1}{6}(14\cdot 2^{3m}-27\cdot 2^{2m}+7\cdot 2^m)$$

$$=\frac{7}{3}\cdot 2^{3m}-9\cdot 2^{2m-1}+\frac{7}{3}\cdot 2^{m-1}$$

である．

この式に $m=1$ を代入すると

$$T(1)=\frac{7}{3}\cdot 2^3-9\cdot 2^1+\frac{7}{3}\cdot 2^0=\frac{56}{3}-18+\frac{7}{3}=3$$ ← $m=1$ の場合を確認します

となり，1 番目の区画に入る項の和に一致する．

したがって，第 m 番目の区画に入る項の和は

$$\frac{7}{3}\cdot 2^{3m}-9\cdot 2^{2m-1}+\frac{7}{3}\cdot 2^{m-1}$$

である．

10 格子点の個数

27　(1)　D_3 は右図の境界線を含む青色の部分である．

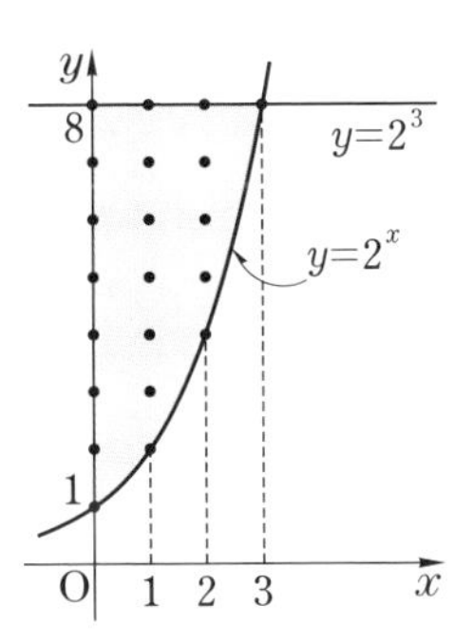

$x=0$ のとき，$2^0\leqq y\leqq 2^3$ であるから，x 座標が 0 である格子点の数は，$2^3-2^0+1=8$ (個)

$x=1$ のとき，$2^1\leqq y\leqq 2^3$ であるから，x 座標が 1 である格子点の数は，$2^3-2^1+1=7$ (個)

$x=2$ のとき，$2^2\leqq y\leqq 2^3$ であるから，x 座標が 2 である格子点の数は，$2^3-2^2+1=5$ (個)

$x=3$ のとき，$2^3\leqq y\leqq 2^3$ であるから，x 座標が 3 である格子点の数は，1 個．

したがって

$$S_3=8+7+5+1=21$$

である．

(2) (i) $x=k$ のとき，$y\geqq 2^k$，$y\leqq 2^n$ より，$2^k\leqq y\leqq 2^n$ であるから，x 座標の値が k に等しい格子点の個数は

$$2^n-2^k+1$$

である．

(ii) $S_n=\sum_{k=0}^{n}(2^n-2^k+1)$

k=0 のときの値です

この項は，初項 -2，公比 2，項数 n の等比数列です

$$=(2^n-2^0+1)+\sum_{k=1}^{n}\{-2^k+(2^n+1)\}$$

3 ⓒを使います

$$=2^n+\frac{-2(2^n-1)}{2-1}+(2^n+1)\cdot n$$

5 ⓒを使います

$$=(n-1)\cdot 2^n+n+2$$

である．

28 (1) $y=x^2-2mx+m^2$ において $y=0$ とすると，$(x-m)^2=0$ となるから，放物線 $y=x^2-2mx+m^2$ と x 軸との共有点の座標は $(m,\ 0)$ であり，また，y 軸との交点の座標は $(0,\ m^2)$ である．

D の周上の格子点の数を以下の 3 つに分けて数える．

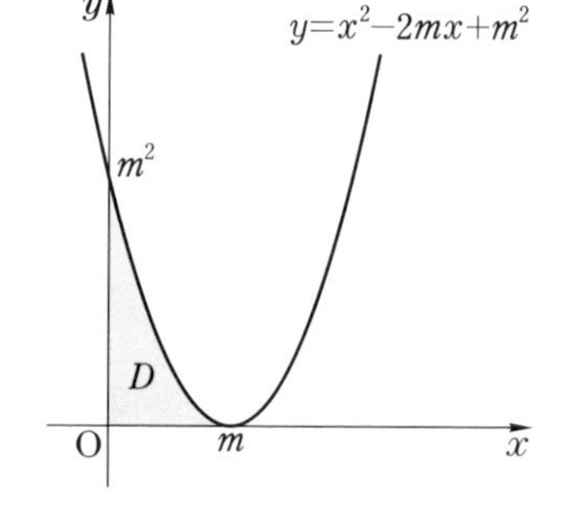

(i) x 軸上にある格子点

$(0,\ 0)$，$(1,\ 0)$，……，$(m,\ 0)$ の $m+1$ 個

(ii) y 軸上にある格子点

$(0,\ 0)$，$(0,\ 1)$，……，$(0,\ m^2)$ の m^2+1 個

(iii) 放物線上にある格子点

m は整数であるから，放物線上の点の x 座標が整数のとき，y 座標も整数になる．

したがって，放物線上の格子点の個数は x 軸上の格子点の個数と同じ $m+1$ 個である．

(i)～(iii)のうち 2 つに含まれる点が 3 点（点 $(0,\ 0)$，$(0,\ m^2)$，$(m,\ 0)$）あるので，D の周上の格子点の数 L_m は

$$L_m=(m+1)+(m^2+1)+(m+1)-3=m^2+2m$$

である．

(2) k を $0\leqq k\leqq m$ を満たす整数とするとき，D の周上および内部の格子点で x 座標が k であるものの個数は $k^2-2mk+m^2+1$ であるから，求める格子点の数 T_m は

$$T_m=\sum_{k=0}^{m}(k^2-2mk+m^2+1)$$

$$=(0^2-2m\cdot0+m^2+1)+\sum_{k=1}^{m}(k^2-2mk+m^2+1)$$

$k=0$ のときの値です　　5 ⓒ～ⓔを使います

$$=m^2+1+\frac{1}{6}m(m+1)(2m+1)-2m\cdot\frac{1}{2}m(m+1)+(m^2+1)\cdot m$$

$$=\frac{1}{6}(m+1)(2m^2+m+6)$$

である.

29 (1) $n=2$ のとき，連立不等式 $y<2x$, $y>\frac{1}{2}x$, $y<-x+6$ の表す領域は図 1 の境界線を含まない青色の部分である.

よって，$a_2=4$ である.

$n=3$ のとき，連立不等式 $y<2x$, $y>\frac{1}{2}x$, $y<-x+9$ の表す領域は図 2 の境界線を含まない青色の部分である.

よって，$a_3=10$ である.

$n=4$ のとき，連立不等式 $y<2x$, $y>\frac{1}{2}x$, $y<-x+12$ の表す領域は図 3 の境界線を含まない青色の部分である.

よって，$a_4=19$ である.

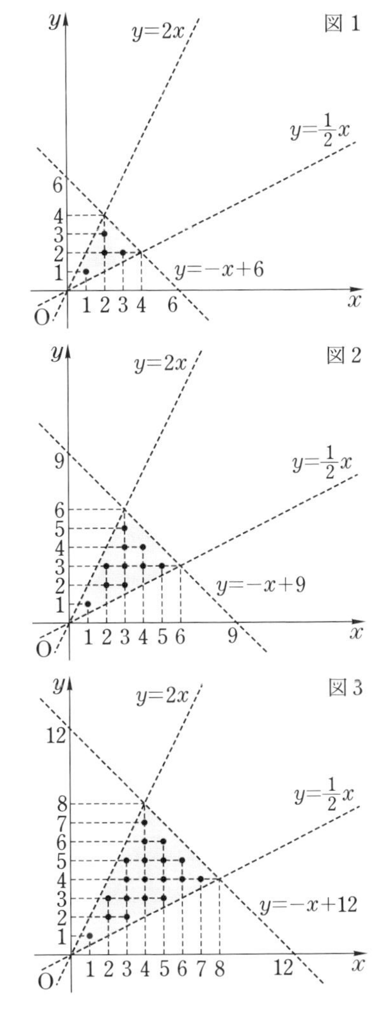

(2) $a_{n+1}-a_n$ は連立不等式

$$\begin{cases} y<2x \\ y>\frac{1}{2}x \\ y<-x+3(n+1) \\ y\geqq -x+3n \end{cases} \quad \cdots\cdots ①$$

の表す領域にある格子点の個数である.

x, y が整数のとき，$x+y$ も整数であるから，この領域にある格子点は，$y<2x$, $y>\frac{1}{2}x$ で表される領域内で，3 つの直線 $x+y=3n$, $x+y=3n+1$, $x+y=3n+2$ の

上にある．

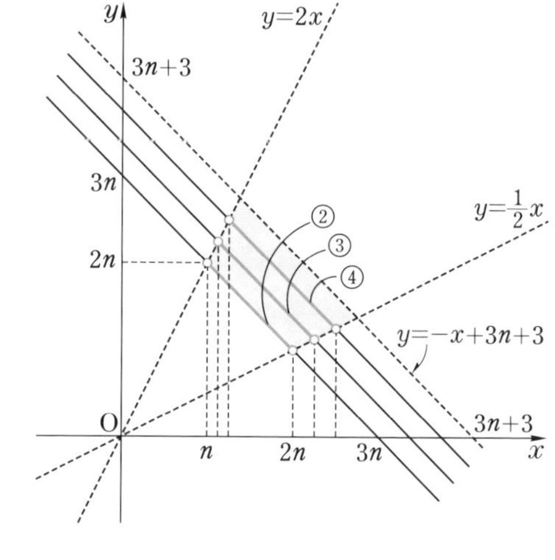

　k を定数とするとき，2 直線 $y=2x$，$x+y=k$ の交点の座標は $\left(\frac{1}{3}k,\ \frac{2}{3}k\right)$，2 直線 $y=\frac{1}{2}x$，$x+y=k$ の交点の座標は $\left(\frac{2}{3}k,\ \frac{1}{3}k\right)$ であることから，連立不等式①を満たす格子点は，次の 3 本の直線の以下の部分の上にある格子点であることがわかる．

$$y=-x+3n \quad (n<x<2n) \quad \cdots\cdots ②$$

$$y=-x+3n+1 \left(n+\frac{1}{3}<x<2n+\frac{2}{3}\right) \quad \cdots\cdots ③$$

$$y=-x+3n+2 \left(n+\frac{2}{3}<x<2n+\frac{4}{3}\right) \quad \cdots\cdots ④$$

②の部分の上の格子点の個数は，

$n\geqq 2$ のとき，$(n+1,\ 2n-1)$，……，$(2n-1,\ n+1)$ の

$$(2n-1)-(n+1)+1=n-1 \text{ (個)}$$

$n=1$ のとき，$1<x<2$ であるから格子点は 0 個であり，これは上の式に $n=1$ を代入したものに一致する．

③の部分の上の格子点の個数は，$(n+1,\ 2n)$，……，$(2n,\ n+1)$ の

$$2n-(n+1)+1=n \text{ (個)}$$

④の部分の上の格子点の個数は，$(n+1,\ 2n+1)$，……，$(2n+1,\ n+1)$ の

$$(2n+1)-(n+1)+1=n+1 \text{ (個)}$$

よって，$a_{n+1}-a_n=(n-1)+n+(n+1)=3n$ となり

$$\boldsymbol{a_{n+1}=a_n+3n}$$

である．

(3)　(2)の結果から，数列 $\{a_n\}$ の階差数列は $\{3n\}$ である．

$n\geqq 2$ のとき

$$a_n=1+\sum_{k=1}^{n-1}3k$$ ← 6 ⓑを使います

$$=1+3\cdot\frac{1}{2}(n-1)n$$ ← 5 ⓓを使います

$$=\frac{3}{2}n^2-\frac{3}{2}n+1$$

である.

この式に $n=1$ を代入すると1となり，a_1 に一致する.

$n=1$ の場合を確認します

よって，すべての自然数 n について

$$a_n=\frac{3}{2}n^2-\frac{3}{2}n+1$$

である.

30 3本の直線

$2x+3y=6n$（n は自然数） ……①,

$x=0$，および $y=0$

で囲まれる三角形の周および内部の領域を D_n とする.

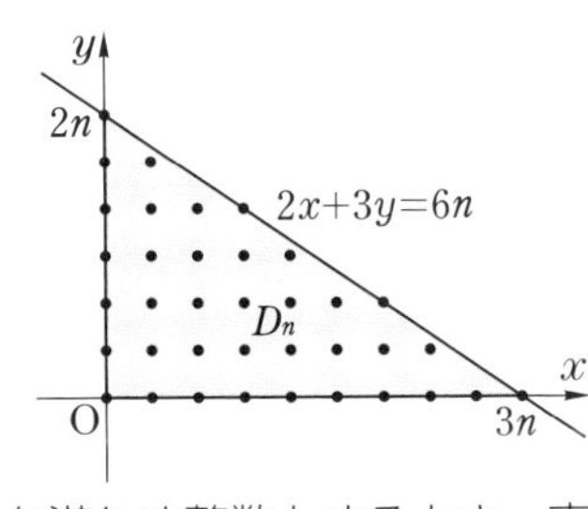

このとき，D_n は $0\leqq x\leqq 3n$ の範囲にある.

①は $y=-\dfrac{2}{3}x+2n$ となるから，k を $0\leqq k\leqq 3n$ を満たす整数とするとき，直線 $x=k$ ……② 上にある格子点の個数は k を3で割った余りによって，以下のようになる.

(i) k が3で割り切れるとき，すなわち，整数 m（$0\leqq m\leqq n$）によって $k=3m$ と表されるとき

①は $y=-\dfrac{2}{3}\cdot 3m+2n=2n-2m$ であるから，直線②上の格子点で領域 D_n に含まれるものの個数は，$2n-2m+1$ である.

(ii) k を3で割ると1余るとき，すなわち，整数 m（$1\leqq m\leqq n$）によって $k=3m-2$ と表されるとき

①は $y=-\dfrac{2}{3}\cdot(3m-2)+2n=2n-2m+\dfrac{4}{3}$ であるから，直線②上の格子点で領域 D_n に含まれるものの個数は，$2n-2m+1+1=2n-2m+2$ である.

(iii) k を3で割ると2余るとき，すなわち，整数 m（$1\leqq m\leqq n$）によって $k=3m-1$ と表されるとき

①は $y=-\dfrac{2}{3}\cdot(3m-1)+2n=2n-2m+\dfrac{2}{3}$ であるから，直線②上の格子点で領域 D_n に含まれるものの個数は，$2n-2m+1$ である.

したがって，領域 D_n に含まれる格子点の総数は

(i)において $m=0$ としたときです

$$(2n+1)+\sum_{m=1}^{n}\{(2n-2m+1)+(2n-2m+2)+(2n-2m+1)\}$$

(i)～(iii)の場合を加えます

$$=(2n+1)+\sum_{m=1}^{n}(-6m+6n+4)$$

$=2n+1-6\cdot\frac{1}{2}n(n+1)+(6n+4)n$ ← 5 ⓒ，ⓓを使います

$=3n^2+3n+1$

である．

よって，格子点の総数は

$3n^2+3n+1$

である．

別解 1　(直線 $y=k$ 上の格子点を数える)

3本の直線

$2x+3y=6n$（n は自然数）……①，$x=0$，および $y=0$

で囲まれる三角形の周および内部の領域を D_n とする．

このとき，D_n は $0\leqq y\leqq 2n$ の範囲にある．

①は $x=-\frac{3}{2}y+3n$ となるから，k を $0\leqq k\leqq 2n$ を満たす整数とするとき，直線

$y=k$ ……③

上にある格子点の個数は k を2で割った余りによって，以下のようになる．

(i)　k が2で割り切れるとき，すなわち，整数 m $(0\leqq m\leqq n)$ によって $k=2m$ と表されるとき

①は $x=-\frac{3}{2}\cdot 2m+3n=3n-3m$ であるから，直線③上の格子点で領域 D_n に含まれるものの個数は，$3n-3m+1$ である．

(ii)　k を2で割ると1余るとき，すなわち，整数 m $(1\leqq m\leqq n)$ によって $k=2m-1$ と表されるとき

$x=-\frac{3}{2}\cdot(2m-1)+3n=3n-3m+\frac{3}{2}$ であるから，直線③上の格子点で領域 D_n に含まれるものの個数は，$3n-3m+1+1=3n-3m+2$ である．

したがって，領域 D_n に含まれる格子点の総数は

(i)において $m=0$ としたときです

$(3n+1)+\sum_{m=1}^{n}\{(3n-3m+1)+(3n-3m+2)\}$

$=(3n+1)+\sum_{m=1}^{n}(-6m+6n+3)$　(i)，(ii)の場合を加えます

$=3n+1-6\cdot\frac{1}{2}n(n+1)+(6n+3)n$ ← 5 ⓒ，ⓓを使います

$=3n^2+3n+1$

である．

よって，格子点の総数は

$3n^2+3n+1$

である．

別解 2　(本冊 p. 35 例題 4 と同じように考える)

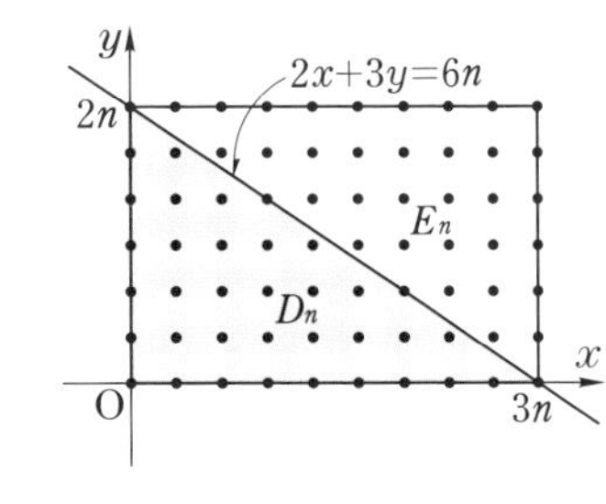

3 本の直線 $2x+3y=6n$ (n は自然数)，$x=0$，および $y=0$ で囲まれる三角形の周および内部の領域を D_n，$0 \leqq x \leqq 3n$ かつ $0 \leqq y \leqq 2n$ で表される長方形の領域を E_n とする．

領域 E_n に含まれる格子点は，線分 $l: 2x+3y=6n$ $(0 \leqq x \leqq 3n)$ の中点 $\left(\dfrac{3}{2}n,\ n\right)$ に関して対称であるから，領域 D_n に含まれる格子点の個数は，領域 E_n から線分 l を除いた領域に含まれる格子点の個数の半分に，線分 l 上の格子点の個数を加えたものに等しい．

線分 l の方程式を変形すると，$2x=3(2n-y)$ となり，2 と 3 は互いに素，n は自然数，x，y は整数であることから，x は 3 の倍数であり，このとき y も整数となる．

線分 l 上の点の x 座標は $0 \leqq x \leqq 3n$ を満たすから，x は $x=3k$ ($k=0,\ 1,\ \cdots\cdots,\ n$) と表すことができ，よって，線分 l 上の格子点の個数は $n+1$ である．

領域 E_n に含まれる格子点の数は $(3n+1)(2n+1)$ であるから，領域 D_n に含まれる格子点の総数は

$$\frac{1}{2}\{(3n+1)(2n+1)-(n+1)\}+(n+1)=3n^2+3n+1$$

である．

12 $a_{n+1}=(a_n$ の1次式) その1

31 (1) $2\alpha=\alpha+2$ より，$\alpha=2$ である．　← この行は解答に書かないことが多いです

漸化式より，$a_{n+1}=\frac{1}{2}a_n+1$ であるから，両辺から2を引くと

$$a_{n+1}-2=\frac{1}{2}a_n+1-2=\frac{1}{2}(a_n-2)$$

が成り立つ．

したがって，数列 $\{a_n-2\}$ は初項 $a_1-2=1-2=-1$，公比 $\frac{1}{2}$ の等比数列であり

$$a_n-2=-\left(\frac{1}{2}\right)^{n-1}$$

← 3 ⓑを使います

となる．

よって

$$a_n=2-\left(\frac{1}{2}\right)^{n-1}$$

である．

(2) $\alpha=\frac{1}{3}\alpha+\frac{1}{7}$ より，$\alpha=\frac{3}{14}$ である．　← この行は解答に書かないことが多いです

漸化式の両辺から $\frac{3}{14}$ を引くと

$$a_{n+1}-\frac{3}{14}=\frac{1}{3}a_n+\frac{1}{7}-\frac{3}{14}=\frac{1}{3}\left(a_n-\frac{3}{14}\right)$$

が成り立つ．

したがって，数列 $\left\{a_n-\frac{3}{14}\right\}$ は初項 $a_1-\frac{3}{14}=\frac{5}{13}-\frac{3}{14}=\frac{31}{182}$，公比 $\frac{1}{3}$ の等比数列であり

$$a_n-\frac{3}{14}=\frac{31}{182}\cdot\left(\frac{1}{3}\right)^{n-1}$$

← 3 ⓑを使います

となる．

よって

$$a_n=\frac{31}{182}\cdot\left(\frac{1}{3}\right)^{n-1}+\frac{3}{14}$$

である．

32 (1) $a_{n+1}-a_n=9n^2-85n-28$ であるから，数列 $\{a_n\}$ の階差数列を $\{b_n\}$ とすれば，$b_n=9n^2-85n-28$ となる．

したがって，$n\geqq 2$ のとき

$$a_n=a_1+\sum_{k=1}^{n-1}b_k$$

← 6 ⓑを使います

$$=-28+\sum_{k=1}^{n-1}(9k^2-85k-28)$$

$$=-28+9\cdot\frac{1}{6}(n-1)n(2n-1)-85\cdot\frac{1}{2}(n-1)n-28(n-1)$$

← 5 ⓒ～ⓔを使います

$$=\frac{1}{2}n\{-56+3(n-1)(2n-1)-85(n-1)\}$$

$$=3n^3-47n^2+16n$$

である．

この式に $n=1$ を代入すると

$$3\cdot1^3-47\cdot1^2+16\cdot1=-28$$

← $n=1$ の場合を確認します

となり，a_1 に一致するので

$$a_n=3n^3-47n^2+16n$$

である．

(2) $a_{n+1}-a_n=2^n-6n$ であるから，数列 $\{a_n\}$ の階差数列を $\{b_n\}$ とすれば，$b_n=2^n-6n$ となる．

したがって，$n\geqq 2$ のとき

$$a_n=a_1+\sum_{k=1}^{n-1}b_k$$

← 6 ⓑを使います

$$=2+\sum_{k=1}^{n-1}(2^k-6k)$$

← 最初の項は，初項 2，公比 2，項数 $n-1$ の等比数列です

$$=2+\frac{2(2^{n-1}-1)}{2-1}-6\cdot\frac{1}{2}(n-1)n$$

← 5 ⓓを使います

← 3 ⓒを使います

$$=2^n-3n^2+3n$$

である．

この式に $n-1$ を代入すると

← $n=1$ の場合を確認します

$$2^1-3\cdot1^2+3\cdot1=2$$

となり，a_1 に一致するので

$$a_n=2^n-3n^2+3n$$

である．

33　漸化式の両辺を $\left(-\frac{7}{8}\right)^{n+1}$ で割ると

$$\frac{a_{n+1}}{\left(-\frac{7}{8}\right)^{n+1}}=\frac{-\frac{7}{8}a_n}{\left(-\frac{7}{8}\right)^{n+1}}+\frac{(-1)^n}{\left(-\frac{7}{8}\right)^{n+1}}=\frac{a_n}{\left(-\frac{7}{8}\right)^n}-\left(\frac{8}{7}\right)^{n+1}$$

$\frac{(-1)^n}{\left(-\frac{7}{8}\right)^{n+1}}=\frac{(-1)^{n+1}}{(-1)\cdot\left(-\frac{7}{8}\right)^{n+1}}=\frac{1}{-1}\cdot\left(\frac{-1}{-\frac{7}{8}}\right)^{n+1}=-\left(\frac{8}{7}\right)^{n+1}$ です

となる.

ここで, $\frac{a_n}{\left(-\frac{7}{8}\right)^n}=b_n$ $(n=1,\ 2,\ 3,\ \cdots\cdots)$ とおくと, 漸化式は

$$b_{n+1}=b_n-\left(\frac{8}{7}\right)^{n+1}$$

すなわち

$$b_{n+1}-b_n=-\left(\frac{8}{7}\right)^{n+1}$$

となり, 数列 $\{b_n\}$ の階差数列は $\left\{-\left(\frac{8}{7}\right)^{n+1}\right\}$ である.

また, $b_1=\frac{a_1}{-\frac{7}{8}}=-\frac{24}{7}$ となるから, $n\geqq 2$ のとき

$$b_n=-\frac{24}{7}-\sum_{k=1}^{n-1}\left(\frac{8}{7}\right)^{k+1}$$

初項 $\left(\frac{8}{7}\right)^2$, 公比 $\frac{8}{7}$, 項数 $n-1$ の等比数列の和です

6 ⓑを使います

$$=-\frac{24}{7}-\left(\frac{8}{7}\right)^2\cdot\frac{\left(\frac{8}{7}\right)^{n-1}-1}{\frac{8}{7}-1}$$

3 ⓒを使います

$$=\frac{40}{7}-8\cdot\left(\frac{8}{7}\right)^n$$

$\left(\frac{8}{7}\right)^2\cdot\frac{\left(\frac{8}{7}\right)^{n-1}-1}{\frac{8}{7}-1}=\left(\frac{8}{7}\right)^2\left\{\left(\frac{8}{7}\right)^{n-1}-1\right\}\div\frac{1}{7}=7\cdot\frac{8}{7}\cdot\left(\frac{8}{7}\right)^n-7\cdot\left(\frac{8}{7}\right)^2=8\cdot\left(\frac{8}{7}\right)^n-\frac{64}{7}$ です

である.

この式に $n=1$ を代入すると

$n=1$ の場合を確認します

$$\frac{40}{7}-8\cdot\left(\frac{8}{7}\right)^1=-\frac{24}{7}$$

となり, b_1 に一致するので, すべての自然数 n について

$$b_n=\frac{40}{7}-8\cdot\left(\frac{8}{7}\right)^n$$

である.

したがって

$$a_n=\left(-\frac{7}{8}\right)^n b_n=\left(-\frac{7}{8}\right)^n\cdot\left\{\frac{40}{7}-8\cdot\left(\frac{8}{7}\right)^n\right\}=-5\cdot\left(-\frac{7}{8}\right)^{n-1}-8\cdot(-1)^n$$

である.

13 $a_{n+1}=(a_n$ の1次分数式) その1

34 漸化式から，$a_n \neq 0$ であるとき $a_{n+1} \neq 0$ であるので，$a_1 \neq 0$ より，数列 $\{a_n\}$ の各項は0とならない．

したがって，漸化式の両辺の逆数をとると

$$\frac{1}{a_{n+1}}=\frac{3a_n+1}{a_n}=\frac{1}{a_n}+3$$

← 2 ⓐです

となり，数列 $\left\{\frac{1}{a_n}\right\}$ は初項 $\frac{1}{a_1}=2$，公差3の等差数列である．

よって

2 ⓑを使います

$$\frac{1}{a_n}=2+(n-1)\cdot 3=3n-1$$

から

$$a_n=\frac{1}{3n-1}$$

である．

35 漸化式から，$a_n \neq 0$ であるとき $a_{n+1} \neq 0$ であるので，$a_1 \neq 0$ より，数列 $\{a_n\}$ の各項は0とならない．

したがって，漸化式の両辺の逆数をとると

$$\frac{1}{a_{n+1}}=\frac{8a_n+3}{7a_n}=\frac{3}{7}\cdot\frac{1}{a_n}+\frac{8}{7}$$

12 1 を使います

となり，$b_n=\frac{1}{a_n}$ $(n=1,\ 2,\ 3,\ \cdots\cdots)$ とおくと，$b_{n+1}=\frac{3}{7}b_n+\frac{8}{7}$ である．

ここで，$\alpha=\frac{3}{7}\alpha+\frac{8}{7}$ を解くと，$\alpha=2$ である．

← この行は解答に書かないことが多いです

数列 $\{b_n\}$ の漸化式の両辺から2を引くと

$$b_{n+1}-2=\frac{3}{7}b_n+\frac{8}{7}-2=\frac{3}{7}(b_n-2)$$

より，数列 $\{b_n-2\}$ は初項 $b_1-2=\frac{1}{a_1}-2=1$，公比 $\frac{3}{7}$ の等比数列で，その一般項は

$$b_n-2=1\cdot\left(\frac{3}{7}\right)^{n-1}=\left(\frac{3}{7}\right)^{n-1}$$

← 3 ⓑを使います

である．よって，$b_n=\left(\frac{3}{7}\right)^{n-1}+2$ から

$$a_n=\frac{1}{b_n}=\frac{1}{\left(\frac{3}{7}\right)^{n-1}+2}=\frac{7^{n-1}}{3^{n-1}+2\cdot 7^{n-1}}$$

← 分母と分子に 7^{n-1} を掛けます

第4章 漸化式

である.

別解　$c_n=\dfrac{a_n-\dfrac{1}{2}}{a_n-0}=\dfrac{2a_n-1}{2a_n}$　……①とおくと，漸化式から

$$c_{n+1}=\frac{2a_{n+1}-1}{2a_{n+1}}=\frac{2\cdot\dfrac{7a_n}{8a_n+3}-1}{2\cdot\dfrac{7a_n}{8a_n+3}}=\frac{14a_n-(8a_n+3)}{14a_n}$$

分母と分子に $8a_n+3$ を掛けます

$$=\frac{3}{7}\cdot\frac{2a_n-1}{2a_n}=\frac{3}{7}c_n$$

が成り立つ.

数列 $\{c_n\}$ は初項 $c_1=\dfrac{2a_1-1}{2a_1}=-\dfrac{1}{2}$，公比 $\dfrac{3}{7}$ の等比数列で，その一般項は

$$c_n=-\frac{1}{2}\cdot\left(\frac{3}{7}\right)^{n-1}$$

である.

①より，$2c_na_n=2a_n-1$ であるから

$$2(c_n-1)a_n=-1$$

より

分母と分子に 7^{n-1} を掛けます

$$a_n=\frac{1}{2(1-c_n)}=\frac{1}{2\left\{1+\dfrac{1}{2}\cdot\left(\dfrac{3}{7}\right)^{n-1}\right\}}=\frac{7^{n-1}}{2\cdot7^{n-1}+3^{n-1}}$$

である.

注　①の変形の導き方は 51 の JUMP UP! を参照.

36　漸化式から，$a_n\neq0$ であるとき $a_{n+1}\neq0$ であるので，$a_1\neq0$ より，数列 $\{a_n\}$ の各項は 0 とならない.

したがって，漸化式の両辺の逆数をとると

$$\frac{1}{a_{n+1}}=\frac{2na_n+1}{a_n}=\frac{1}{a_n}+2n$$

となる.

ここで，$b_n=\dfrac{1}{a_n}$ $(n=1,\ 2,\ 3,\ \cdots\cdots)$ とおくと，$b_{n+1}=b_n+2n$，すなわち，$b_{n+1}-b_n=2n$ から，数列 $\{b_n\}$ の階差数列は $\{2n\}$ である.

数列 $\{b_n\}$ の初項は $b_1=\dfrac{1}{a_1}=1$ であるから，$n\geqq2$ のとき

6 ⓑを使います

$$b_n=1+\sum_{k=1}^{n-1}2k=1+2\cdot\frac{1}{2}(n-1)n=n^2-n+1$$

5 ⓓを使います

である.

この式に $n=1$ を代入すると ← $n=1$ の場合を確認します

$$1^2-1+1=1$$

となり，b_1 に一致するので，すべての自然数 n について

$$b_n=n^2-n+1$$

である.

したがって

$$a_n=\frac{1}{b_n}=\frac{1}{n^2-n+1}$$

である.

14 $a_{n+2}=(a_{n+1}$，a_n の1次式)

37 (1) $a_{n+2}=2a_{n+1}+3a_n$ から

$$b_{n+1}=a_{n+2}+a_{n+1}=(2a_{n+1}+3a_n)+a_{n+1}$$
$$=3a_{n+1}+3a_n=3(a_{n+1}+a_n)=3b_n$$

である.

(2) (1)と同様にして

$$c_{n+1}=a_{n+2}-3a_{n+1}=(2a_{n+1}+3a_n)-3a_{n+1}$$
$$=-a_{n+1}+3a_n=-(a_{n+1}-3a_n)=-c_n$$

である.

(3) $b_1=a_2+a_1=2+1=3$ であるから，(1)の結果と合わせると，数列 $\{b_n\}$ は初項 3，公比 3 の等比数列で，$b_n=3\cdot3^{n-1}=3^n$ である.

3 ⓑを使います

同様に，$c_1=a_2-3a_1=2-3\cdot1=-1$ であるから，(2)の結果と合わせると，数列 $\{c_n\}$ は初項 -1，公比 -1 の等比数列で，$c_n=(-1)\cdot(-1)^{n-1}=(-1)^n$ である.

3 ⓑを使います

よって

$$b_n=3^n,\quad c_n=(-1)^n$$

である.

(4) (3)の結果から

$$a_{n+1}+a_n=3^n \quad \cdots\cdots①$$

$$a_{n+1}-3a_n=(-1)^n \quad \cdots\cdots②$$

が成り立つ.

したがって，①－② によって a_{n+1} を消去すると

$$4a_n=3^n-(-1)^n$$

すなわち

$$a_n=\frac{3^n-(-1)^n}{4}$$

である.

38　(1)　漸化式より，$a_{n+2}=\frac{8}{5}a_{n+1}-\frac{3}{5}a_n$ であるから

$$b_{n+1}=a_{n+2}-a_{n+1}=\left(\frac{8}{5}a_{n+1}-\frac{3}{5}a_n\right)-a_{n+1}$$

$$=\frac{3}{5}(a_{n+1}-a_n)=\frac{3}{5}b_n$$

と変形できる.

したがって，数列 $\{b_n\}$ は初項 $b_1=a_2-a_1=3-5=-2$，公比 $\frac{3}{5}$ の等比数列である.

よって，数列 $\{b_n\}$ の一般項 b_n は

$$b_n=-2\cdot\left(\frac{3}{5}\right)^{n-1} \quad \cdots\cdots①$$

← 3 ⓑを使います

である.

(2)　数列 $\{b_n\}$ は数列 $\{a_n\}$ の階差数列であるから，$n \geqq 2$ のとき

$$a_n=a_1+\sum_{k=1}^{n-1}b_k=5-\sum_{k=1}^{n-1}2\cdot\left(\frac{3}{5}\right)^{k-1}$$

← 初項 2，公比 $\frac{3}{5}$，項数 $n-1$ の等比数列の和です

6 ⓑを使います

$$=5-\frac{2\left\{1-\left(\frac{3}{5}\right)^{n-1}\right\}}{1-\frac{3}{5}}=5\cdot\left(\frac{3}{5}\right)^{n-1}$$

← 3 ⓒを使います

この式に $n=1$ を代入すると 5 となり，a_1 と一致するので

$$a_n=5\cdot\left(\frac{3}{5}\right)^{n-1}$$

← $n=1$ の場合を確認します

である.

JUMP UP!　$5x^2-8x+3=0 \quad \cdots\cdots(*)$

より

$$(x-1)(5x-3)=0$$

したがって，解は $x=1,\ \frac{3}{5}$ である.

この問題のように，方程式（＊）が $x=1$ を解にもつ場合には数列 $\{a_n\}$ の階差数列が簡単に求まるので，それを利用して解くことができる．

もちろん，本冊 p. 46 例題 6 と同様に，数列 $\left\{a_{n+1}-\frac{3}{5}a_n\right\}$ が等比数列になることを利用して，(2)は以下のように解くこともできる．

別解 1　$c_n=a_{n+1}-\frac{3}{5}a_n$ とおくと，(1)と同様にして

$$c_{n+1}=a_{n+2}-\frac{3}{5}a_{n+1}=\left(\frac{8}{5}a_{n+1}-\frac{3}{5}a_n\right)-\frac{3}{5}a_{n+1}$$
$$=a_{n+1}-\frac{3}{5}a_n=c_n$$

と変形できる．

したがって，数列 $\{c_n\}$ は初項 $c_1=a_2-\frac{3}{5}a_1=3-\frac{3}{5}\cdot5=0$，公比 1 の等比数列である．

よって，数列 $\{c_n\}$ の一般項は

$$c_n=0 \quad \cdots\cdots②$$

である．

①，②から

$$a_{n+1}-a_n=-2\cdot\left(\frac{3}{5}\right)^{n-1} \quad \cdots\cdots③$$

$$a_{n+1}-\frac{3}{5}a_n=0 \quad \cdots\cdots④$$

が成り立つ．

したがって，③−④ によって a_{n+1} を消去すると

$$-\frac{2}{5}a_n=-2\cdot\left(\frac{3}{5}\right)^{n-1}$$

すなわち

$$a_n=5\cdot\left(\frac{3}{5}\right)^{n-1}$$

である．

また，(1)を使わず，④だけからも，以下のようにして数列 $\{a_n\}$ の一般項を求めることができる．

別解 2　④より，$a_{n+1}=\frac{3}{5}a_n$

したがって，数列 $\{a_n\}$ は初項 5，公比 $\frac{3}{5}$ の等比数列である．

よって，その一般項は

$$a_n=5\cdot\left(\frac{3}{5}\right)^{n-1}$$

である.

39 (1) 漸化式より，$a_{n+2}=4a_{n+1}-4a_n+1$ であるから，これを用いて b_{n+1} を計算すると

$$b_{n+1}=a_{n+2}-2a_{n+1}=(4a_{n+1}-4a_n+1)-2a_{n+1}$$
$$=2a_{n+1}-4a_n+1=2(a_{n+1}-2a_n)+1=2b_n+1$$

← 12 1 を使います

である.

$\alpha=2\alpha+1$ を解くと，$\alpha=-1$ である.

← この行は解答に書かないことが多いです

数列 $\{b_n\}$ の漸化式の両辺に 1 を加えると

$$b_{n+1}+1=(2b_n+1)+1=2(b_n+1)$$

が成り立つ.

したがって，数列 $\{b_n+1\}$ は初項 $b_1+1=(a_2-2a_1)+1=(3-2\cdot1)+1=2$，公比 2 の等比数列であり

$$b_n+1=2\cdot2^{n-1}=2^n$$

← 3 ⓑを使います

となる.

よって

$$b_n=2^n-1$$

である.

(2) (1)の結果から，$a_{n+1}-2a_n=2^n-1$ である.

12 3 を使います

両辺を 2^{n+1} で割って，$c_n=\dfrac{a_n}{2^n}$ とおくと，$\dfrac{a_{n+1}}{2^{n+1}}-\dfrac{2a_n}{2^{n+1}}=\dfrac{2^n}{2^{n+1}}-\dfrac{1}{2^{n+1}}$ より，

$c_{n+1}-c_n=\dfrac{1}{2}-\dfrac{1}{2^{n+1}}$ である.

したがって，数列 $\{c_n\}$ の階差数列は $\left\{\dfrac{1}{2}-\dfrac{1}{2^{n+1}}\right\}$ である.

また，$c_1=\dfrac{a_1}{2^1}=\dfrac{1}{2}$ となるから，$n\geqq2$ のとき

初項 $\frac{1}{4}$，公比 $\frac{1}{2}$，項数 $n-1$ の等比数列の和です

6 ⓑを使います

$$c_n=\frac{1}{2}+\sum_{k=1}^{n-1}\left(\frac{1}{2}-\frac{1}{2^{k+1}}\right)=\frac{1}{2}+\frac{n-1}{2}-\frac{\frac{1}{4}\left\{1-\left(\frac{1}{2}\right)^{n-1}\right\}}{1-\frac{1}{2}}$$

$$=\frac{n-1}{2}+\left(\frac{1}{2}\right)^n$$

3 ⓒを使います

となる.

この式に $n=1$ を代入すると

← $n=1$ の場合を確認します

$$\frac{1-1}{2}+\left(\frac{1}{2}\right)^1=\frac{1}{2}$$

となり，c_1 に一致するので，すべての自然数 n について

$$c_n=\frac{n-1}{2}+\left(\frac{1}{2}\right)^n$$

である．

よって

$$a_n=2^n\cdot c_n=2^n\cdot\left\{\frac{n-1}{2}+\left(\frac{1}{2}\right)^n\right\}=(n-1)\cdot 2^{n-1}+1$$

である．

15 S_n を含む漸化式

40 関係式に $n=1$ を代入し，$S_1=a_1$ を用いると

$$a_1=1+2a_1$$

7 ⓐを使います

が得られ，これを解くと，$a_1=-1$ である．

関係式 $S_n=n+2a_n$ において n を $n+1$ に換えると

$$S_{n+1}=(n+1)+2a_{n+1}$$

7 ⓑにおいて n を $n+1$ としたものです

が得られ，これらを $S_{n+1}-S_n=a_{n+1}$ に代入すると

$$\{(n+1)+2a_{n+1}\}-(n+2a_n)=a_{n+1}$$

から

$$a_{n+1}=2a_n-1 \quad \cdots\cdots ①$$

12 1 を使います

となる．

$\alpha=2\alpha-1$ を解くと，$\alpha=1$ である．

この行は解答に書かないことが多いです

①の両辺から 1 を引くと

$$a_{n+1}-1=(2a_n-1)-1=2(a_n-1)$$

となるから，数列 $\{a_n-1\}$ は初項 $a_1-1=-1-1=-2$，公比 2 の等比数列で，その一般項は

$$a_n-1=-2\cdot 2^{n-1}=-2^n$$

3 ⓑを使います

となる．

したがって

$$a_n=1-2^n$$

である．

41 (1) 関係式に $n=1$ を代入すると

$$a_1=-2a_1+2^{1+1}$$

← $\sum_{k=1}^{n}a_k=S_n$ とするとき，$a_1=S_1$ を用いることにあたります

が得られ，これを解くと，$a_1=\frac{4}{3}$ である.

(2) 関係式 $\sum_{k=1}^{n}a_k=-2a_n+2^{n+1}$ において n を $n+1$ に換えると

$$\sum_{k=1}^{n+1}a_k=-2a_{n+1}+2^{n+2}$$

が得られる.

ここで，$\sum_{k=1}^{n+1}a_k=\sum_{k=1}^{n}a_k+a_{n+1}$ であるから

← $S_{n+1}=S_n+a_{n+1}$ にあたります

$$-2a_{n+1}+2^{n+2}=(-2a_n+2^{n+1})+a_{n+1}$$

$$-3a_{n+1}=-2a_n+2^{n+1}-2\cdot2^{n+1}$$

より

$$a_{n+1}=\frac{2}{3}a_n+\frac{2^{n+1}}{3}\quad\cdots\cdots①$$

となる.

(3) $b_n=\frac{a_n}{2^n}$ より，$a_n=2^n\cdot b_n$，$a_{n+1}=2^{n+1}\cdot b_{n+1}$ であるから，これらを①に代入すると

$$2^{n+1}\cdot b_{n+1}=\frac{2}{3}\cdot2^n\cdot b_n+\frac{2^{n+1}}{3}$$

← ①の両辺を 2^{n+1} で割って $b_{n+1}=\frac{a_{n+1}}{2^{n+1}}=\frac{1}{3\cdot2^n}\cdot a_n+\frac{1}{3}=\frac{1}{3}\cdot\frac{a_n}{2^n}+\frac{1}{3}$ を用いてもよいです

となり，両辺を 2^{n+1} で割ると

$$b_{n+1}=\frac{1}{3}b_n+\frac{1}{3}\quad\cdots\cdots②$$

← 12 1 を使います

である.

(4) $\alpha=\frac{1}{3}\alpha+\frac{1}{3}$ を解くと，$\alpha=\frac{1}{2}$ である.

← この行は解答に書かないことが多いです

②の両辺から $\frac{1}{2}$ を引くと

$$b_{n+1}-\frac{1}{2}=\left(\frac{1}{3}b_n+\frac{1}{3}\right)-\frac{1}{2}=\frac{1}{3}b_n-\frac{1}{6}=\frac{1}{3}\left(b_n-\frac{1}{2}\right)$$

となるから，数列 $\left\{b_n-\frac{1}{2}\right\}$ は初項 $b_1-\frac{1}{2}=\frac{a_1}{2^1}-\frac{1}{2}=\frac{\frac{4}{3}}{2}-\frac{1}{2}=\frac{1}{6}$，公比 $\frac{1}{3}$ の等比数列で，その一般項は

$$b_n-\frac{1}{2}=\frac{1}{6}\cdot\left(\frac{1}{3}\right)^{n-1}=\frac{1}{2}\cdot\left(\frac{1}{3}\right)^n$$

となる.

よって

$$b_n=\frac{1}{2}\cdot\left(\frac{1}{3}\right)^n+\frac{1}{2}$$

である.

したがって

$$a_n=2^n\cdot b_n=2^n\cdot\left\{\frac{1}{2}\cdot\left(\frac{1}{3}\right)^n+\frac{1}{2}\right\}=2^{n-1}+\frac{1}{2}\cdot\left(\frac{2}{3}\right)^n$$

である.

$2^n\cdot\frac{1}{2}\cdot\left(\frac{1}{3}\right)^n=\frac{1}{2}\cdot\left(\frac{2}{3}\right)^n$

16 場合の数・確率と漸化式

42 (1) 円が1個のときは交点がないので，$a_1=0$ である．

条件を満たすように n 個の円があるとする．

この n 個の円に条件を満たすように円を加えるとき，新しくできる交点は既にあるものと一致しないので，新たに $2n$ 個の交点が増える．

したがって

$$a_{n+1}=a_n+2n$$

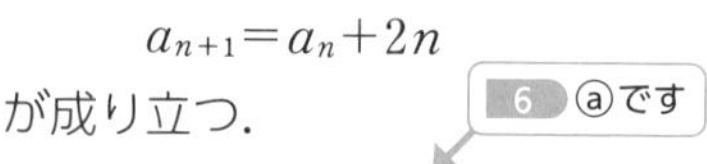

が成り立つ．

6 ⓐです

この式は $a_{n+1}-a_n=2n$ と変形できるので，数列 $\{a_n\}$ の階差数列は $\{2n\}$ である．

よって，$n \geqq 2$ のとき

5 ⓓを使います

$$a_n=a_1+\sum_{k=1}^{n-1}2k=0+2\cdot\frac{1}{2}(n-1)n=n^2-n$$

である．

6 ⓑを使います

$n=1$ の場合を確認します

この式に $n=1$ を代入すると0となり，a_1 に一致する．

したがって，すべての自然数 n について，$a_n=n^2-n$ である．

(2) (1)の結果から

$$a_p-a_q=(p^2-p)-(q^2-q)=p^2-q^2-(p-q)=(p-q)(p+q-1)$$

である．

ここで

$$p-q=4 \quad \cdots\cdots①$$

と $a_p-a_q=140$ より

$$4(p+q-1)=140$$

したがって

$$p+q-1=35 \quad \cdots\cdots②$$

となる．

よって，①，②を解いて，$p=20$，$q=16$ である．

43 (1) Aさんが初めてこの島を訪れた日から数えて n 日後に雨が降る確率は p_n で，このとき，$n+1$ 日後に雨が降る確率は $\dfrac{2}{3}$ である.

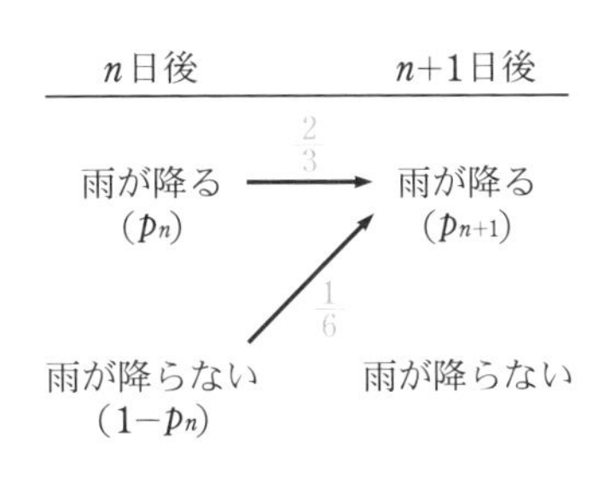

同様に，n 日後に雨が降らない確率は $1-p_n$ で，このとき，$n+1$ 日後に雨が降る確率は $\dfrac{1}{6}$ である.

したがって

$$p_{n+1}=p_n\times\frac{2}{3}+(1-p_n)\times\frac{1}{6}=\frac{1}{2}p_n+\frac{1}{6}$$

である.

(2) $\alpha=\dfrac{1}{2}\alpha+\dfrac{1}{6}$ を解くと，$\alpha=\dfrac{1}{3}$ である.　← この行は解答に書かないことが多いです

(1)で得られた式の両辺から $\dfrac{1}{3}$ を引くと

$$p_{n+1}-\frac{1}{3}=\frac{1}{2}p_n+\frac{1}{6}-\frac{1}{3}=\frac{1}{2}\left(p_n-\frac{1}{3}\right)$$

が成り立つ.

また，Aさんが初めてこの島を訪れた日は雨が降っていたので，その翌日に雨が降る確率 p_1 は $\dfrac{2}{3}$ である.

よって，数列 $\left\{p_n-\dfrac{1}{3}\right\}$ は初項 $p_1-\dfrac{1}{3}=\dfrac{2}{3}-\dfrac{1}{3}=\dfrac{1}{3}$，公比 $\dfrac{1}{2}$ の等比数列であり，

$$p_n-\frac{1}{3}=\frac{1}{3}\cdot\left(\frac{1}{2}\right)^{n-1}$$

← 3 ⓑを使います

となる.

したがって

$$p_n=\frac{1}{3}\cdot\left(\frac{1}{2}\right)^{n-1}+\frac{1}{3}$$

である.

17 数学的帰納法と漸化式

44 [1] $n=1$ のとき，a_1 は自然数であるから，$1\leqq a_1$ が成り立つ.

[2] k を自然数とし，$n=k$ のとき，$k\leqq a_k$ が成り立つと仮定する.

このとき，$k+1$ も自然数で，$k<k+1$ であるから，$a_k<a_{k+1}$ が成り立つ.

したがって，$k \leqq a_k < a_{k+1}$ より $k < a_{k+1}$ であり，a_{k+1}，k はともに自然数であるから，$k+1 \leqq a_{k+1}$ が成り立つ．

[１]，[２]から，数学的帰納法により，すべての自然数 n について $n \leqq a_n$ が成り立つ．

45　(1)　漸化式に $n=1$ を代入すると

$$2a_2 = a_1{}^2 + 3\cdot1\cdot a_1 - 6 = (-1)^2 + 3\cdot(-1) - 6 = -8$$

から，$a_2=-4$ である．

同様に，$n=2$，3 を代入すると

$$2a_3 = a_2{}^2 + 3\cdot2\cdot a_2 - 6 = (-4)^2 + 6\cdot(-4) - 6 = -14$$

から，$a_3=-7$ であり

$$2a_4 = a_3{}^2 + 3\cdot3\cdot a_3 - 6 = (-7)^2 + 9\cdot(-7) - 6 = -20$$

から，$a_4=-10$ である．

(2)　(1)の結果から，数列 $\{a_n\}$ は初項 -1，公差 -3 の等差数列と推測されるので，その一般項は

$$a_n = -1 + (n-1)\cdot(-3)$$

← 2 ⓑを使います

すなわち

$$a_n = -3n + 2 \quad \cdots\cdots①$$

と推測される．

以下，①が成り立つことを数学的帰納法で示す．

[１]　$n=1$ のとき，①の右辺を計算すると -1 となるので，①は成り立つ．

[２]　k を自然数とし，$n=k$ のとき①が成り立つ，すなわち

$$a_k = -3k + 2$$

と仮定する．

与えられた漸化式において，$n=k$ とすると

$$\begin{aligned} 2a_{k+1} &= a_k{}^2 + 3ka_k - 6 \\ &= (-3k+2)^2 + 3k(-3k+2) - 6 \\ &= -6k - 2 \end{aligned}$$

から

$$a_{k+1} = -3k - 1 = -3(k+1) + 2$$

となる．

よって，①は $n=k+1$ のときも成り立つ．

したがって，[１]，[２]から，数学的帰納法により，一般項は

$$a_n = -3n + 2$$

である．

18 $a_{n+1}=(a_n$ の 1 次式) その 2

46 (1) $b_{n+1}=a_{n+1}+2(n+1)+3$
$=(2a_n+2n+1)+2n+5$
$=2a_n+4n+6$
$=2(a_n+2n+3)$
$=2b_n$

(2) $b_1=a_1+2\cdot1+3=1+2+3=6$ であるから，数列 $\{b_n\}$ は初項 6，公比 2 の等比数列で，その一般項は

$$b_n=6\cdot2^{n-1}=3\cdot2^n$$

である。 3 ⓑを使います

したがって，数列 $\{a_n\}$ の一般項 a_n は

$$a_n=b_n-(2n+3)=3\cdot2^n-2n-3$$

である。

47 (1) $a_{n+1}=5a_n-4n+2$ ……①

において n を $n+1$ に換えると

$$a_{n+2}=5a_{n+1}-4(n+1)+2 \quad ……②$$

となる。

②−① より，$a_{n+2}-a_{n+1}=5(a_{n+1}-a_n)-4$，すなわち

$$b_{n+1}=5b_n-4 \quad ……③$$

が成り立つ。

(2) $\alpha=5\alpha-4$ を解くと，$\alpha=1$ である。 ← この行は解答に書かないことが多いです

③の両辺から 1 を引くと

$$b_{n+1}-1=5b_n-4-1=5(b_n-1)$$

が成り立つので，数列 $\{b_n-1\}$ は公比 5 の等比数列である。

①において $n=1$ とすると

$$a_2=5a_1-4\cdot1+2=5\cdot2-2=8$$

であるから

$$b_1-1=(a_2-a_1)-1=(8-2)-1=5$$

となるので，数列 $\{b_n-1\}$ の一般項は $b_n-1=5\cdot5^{n-1}=5^n$ である。

よって，数列 $\{b_n\}$ の一般項は $b_n=5^n+1$ となる。 3 ⓑを使います

(3) $b_n=a_{n+1}-a_n$ であるから，(2)の結果から

$$a_{n+1}-a_n=5^n+1$$

となる。

これに①を代入すると

$$(5a_n-4n+2)-a_n=5^n+1$$

から，$4a_n=5^n+4n-1$ となるので，数列 $\{a_n\}$ の一般項は

$$a_n=\frac{1}{4}(5^n+4n-1)$$

である．

別解　(数列 $\{b_n\}$ は数列 $\{a_n\}$ の階差数列であるから，6 ⓑを用いて，次のようにして数列 $\{a_n\}$ の一般項を求めることもできる.)

$n\geqq 2$ のとき

$$a_n=a_1+\sum_{k=1}^{n-1}b_k=2+\sum_{k=1}^{n-1}(5^k+1)$$

$$=2+\frac{5(5^{n-1}-1)}{5-1}+(n-1)$$

$$=\frac{1}{4}(5^n+4n-1)$$

3 ⓒの n を $n-1$ に換えて使います

5 ⓒを使います

である．

この式に $n=1$ を代入すると，$\frac{1}{4}\cdot(5^1+4\cdot1-1)=2$ となり，a_1 に一致する．

$n=1$ の場合を確認します

よって，数列 $\{a_n\}$ の一般項は

$$a_n=\frac{1}{4}(5^n+4n-1)$$

である．

19　連立漸化式

48　(1)　$a_{n+1}+\alpha b_{n+1}=\beta(a_n+\alpha b_n)$　……①

とする．

①の左辺に漸化式を用いると

$$(4a_n-2b_n)+\alpha(a_n+b_n)=\beta(a_n+\alpha b_n)$$

$$(\alpha+4)a_n+(\alpha-2)b_n=\beta a_n+\alpha\beta b_n \quad \cdots\cdots(*)$$

となるので

$$\alpha+4=\beta \quad \cdots\cdots② \quad かつ \quad \alpha-2=\alpha\beta \quad \cdots\cdots③$$

であることが①が成り立つための十分条件である．

②を③に代入して β を消去すると，α の2次方程式 $\alpha^2+3\alpha+2=0$ が導かれ，$(\alpha+1)(\alpha+2)=0$ から，$\alpha=-1,\ -2$ となる．

よって，②を用いて β を求めれば

$(\alpha,\ \beta)=(-1,\ 3),\ (-2,\ 2)$

である．

(2) $(\alpha,\ \beta)=(-1,\ 3)$ のとき

$$a_{n+1}-b_{n+1}=3(a_n-b_n)$$

が成り立ち，$a_1-b_1=1-2=-1$ であるから，数列 $\{a_n-b_n\}$ は初項 -1，公比 3 の等比数列で，その一般項は

$$a_n-b_n=-3^{n-1} \quad \cdots\cdots ④$$ ← 3 ⓑを使います

である．

同様に，$(\alpha,\ \beta)=(-2,\ 2)$ のとき

$$a_{n+1}-2b_{n+1}=2(a_n-2b_n)$$

が成り立ち，$a_1-2b_1=1-2\cdot2=-3$ であるから，数列 $\{a_n-2b_n\}$ は初項 -3，公比 2 の等比数列で，その一般項は

$$a_n-2b_n=-3\cdot2^{n-1} \quad \cdots\cdots ⑤$$ ← 3 ⓑを使います

である．

したがって，④，⑤を a_n，b_n について解くと

$$a_n=3\cdot2^{n-1}-2\cdot3^{n-1},\quad b_n=3\cdot2^{n-1}-3^{n-1}$$

である．

JUMP UP! (1)の解答で示したように，$(\alpha,\ \beta)=(-1,\ 3),\ (-2,\ 2)$ は①が成り立つための十分条件である．

((＊)は，2 つの数列 $\{a_n\}$，$\{b_n\}$ についてのみ成り立てばよいので，a_n，b_n の恒等式である必要はなく，したがって，必ずしも係数が一致する必要はない．)

この問題の解答ではこれでよいと考えるが，必要条件であることを示すと次のようになる．

$a_1=1$，$b_1=2$ であるから，漸化式によって a_2，b_2 を求めると

$$a_2=4\cdot1-2\cdot2=0,\quad b_2=1+2=3$$

である．

したがって，$n=1,\ 2$ のときの(＊)は，それぞれ

$$(\alpha+4)\cdot1+(\alpha-2)\cdot2=\beta\cdot1+\alpha\beta\cdot2$$

$$(\alpha+4)\cdot0+(\alpha-2)\cdot3=\beta\cdot0+\alpha\beta\cdot3$$

より

$$3\alpha=\beta+2\alpha\beta \quad \cdots\cdots ⑥$$

$$\alpha-2=\alpha\beta \quad \cdots\cdots ⑦$$

となる．

必要条件を求めるため，⑥の両辺に α を掛けると

$$3\alpha^2=\alpha\beta+2\alpha^2\beta$$

これに⑦を代入すると

$$3\alpha^2=(\alpha-2)+2\alpha(\alpha-2)$$

したがって

$$\alpha^2+3\alpha+2=0$$

$$(\alpha+1)(\alpha+2)=0$$

から

$$\alpha=-1,\ -2$$

となる.

それぞれ⑦に代入すれば

$\alpha=-1$ のとき，$-1-2=-\beta$ より，$\beta=3$

$\alpha=-2$ のとき，$-2-2=-2\beta$ より，$\beta=2$

したがって，$(\alpha,\ \beta)=(-1,\ 3),\ (-2,\ 2)$ であることは①が成り立つための必要条件である.

JUMP UP!　(一般に，この形の連立漸化式は以下のようにして，14 を用いて解くこともできる.)

$$a_{n+1}=4a_n-2b_n \quad \cdots\cdots ⑧$$

$$b_{n+1}=a_n+b_n \quad \cdots\cdots ⑨$$

とする.

⑧より，$b_n=2a_n-\dfrac{1}{2}a_{n+1}$

この式において n を $n+1$ に換えると

$$b_{n+1}=2a_{n+1}-\frac{1}{2}a_{n+2}$$

となる.

これらを⑨に代入すれば

$$2a_{n+1}-\frac{1}{2}a_{n+2}=a_n+2a_n-\frac{1}{2}a_{n+1}$$

すなわち

$$a_{n+2}-5a_{n+1}+6a_n=0$$

となる.

また，$a_1=1,\ b_1=2$ から，$a_2=4a_1-2b_1=4\cdot1-2\cdot2=0$ であるので，数列 $\{a_n\}$ は

$$a_1=1,\ a_2=0,\ a_{n+2}-5a_{n+1}+6a_n=0\ (n=1,\ 2,\ 3,\ \cdots\cdots)$$

を満たす.

14 1 を使います

$x^2-5x+6=0$ の解は，$(x-2)(x-3)=0$ より，$x=2,\ 3$ である.

この行は解答に書かないことが多いです

漸化式は $a_{n+2}=5a_{n+1}-6a_n$ と変形できるから

$$a_{n+2}-2a_{n+1}=5a_{n+1}-6a_n-2a_{n+1}=3(a_{n+1}-2a_n)$$
$$a_{n+2}-3a_{n+1}=5a_{n+1}-6a_n-3a_{n+1}=2(a_{n+1}-3a_n)$$

より，数列 $\{a_{n+1}-2a_n\}$ は初項 $a_2-2a_1=0-2\cdot1=-2$，公比 3 の等比数列であるので

$$a_{n+1}-2a_n=-2\cdot3^{n-1} \quad \cdots\cdots⑩$$

← 3 ⓑを使います

であり，数列 $\{a_{n+1}-3a_n\}$ は初項 $a_2-3a_1=0-3\cdot1=-3$，公比 2 の等比数列であるので

$$a_{n+1}-3a_n=-3\cdot2^{n-1} \quad \cdots\cdots⑪$$

← 3 ⓑを使います

である．

したがって，⑩－⑪ から

$$a_n=3\cdot2^{n-1}-2\cdot3^{n-1}$$

である．

n を $n+1$ に換えると $a_{n+1}=3\cdot2^n-2\cdot3^n$ となるので，これらを⑧に代入すれば

$$3\cdot2^n-2\cdot3^n=4(3\cdot2^{n-1}-2\cdot3^{n-1})-2b_n$$

から

$$\begin{aligned}b_n&=2(3\cdot2^{n-1}-2\cdot3^{n-1})-\frac{3\cdot2^n-2\cdot3^n}{2}\\&=6\cdot2^{n-1}-4\cdot3^{n-1}-3\cdot2^{n-1}+3\cdot3^{n-1}\\&=3\cdot2^{n-1}-3^{n-1}\end{aligned}$$

である．

49 (1) 漸化式より

$$a_{n+1}=\frac{5}{2}a_n+\frac{1}{2}b_n+2^n+2,\quad b_{n+1}=\frac{1}{2}a_n+\frac{5}{2}b_n-2^n+2$$

であるから

$$\begin{aligned}c_{n+1}&=a_{n+1}+b_{n+1}\\&=\left(\frac{5}{2}a_n+\frac{1}{2}b_n+2^n+2\right)+\left(\frac{1}{2}a_n+\frac{5}{2}b_n-2^n+2\right)\\&=3a_n+3b_n+4=3c_n+4\end{aligned}$$

← 12 **1** を使います

が成り立つ．

$\alpha=3\alpha+4$ を解くと，$\alpha=-2$ である．

← この行は解答に書かないことが多いです

$c_{n+1}=3c_n+4$ の両辺に 2 を加えると

$$c_{n+1}+2=(3c_n+4)+2=3(c_n+2)$$

が成り立ち，$c_1+2=(a_1+b_1)+2=(3+1)+2=6$ であるから，数列 $\{c_n+2\}$ は初

項6，公比3の等比数列で，その一般項は

$$c_n+2=6\cdot3^{n-1}=2\cdot3^n$$ ← 3 ⓑを使います

となる．

したがって

$$c_n=2\cdot3^n-2 \quad \cdots\cdots①$$

である．

(2)　(1)と同様に

$$d_{n+1}=a_{n+1}-b_{n+1}$$
$$=\left(\frac{5}{2}a_n+\frac{1}{2}b_n+2^n+2\right)-\left(\frac{1}{2}a_n+\frac{5}{2}b_n-2^n+2\right)$$
$$=2a_n-2b_n+2\cdot2^n=2d_n+2^{n+1}$$ ← 12 3 を使います

が成り立つ．

$d_{n+1}=2d_n+2^{n+1}$ の両辺を 2^{n+1} で割ると

$$\frac{d_{n+1}}{2^{n+1}}=\frac{2d_n}{2^{n+1}}+\frac{2^{n+1}}{2^{n+1}}=\frac{d_n}{2^n}+1$$

である。

$e_n=\frac{d_n}{2^n}$ $(n=1,\ 2,\ 3,\ \cdots\cdots)$ とおくと，$e_{n+1}=e_n+1$ が成り立ち，

$e_1=\frac{d_1}{2^1}=\frac{a_1-b_1}{2}=\frac{3-1}{2}=1$ であるから，数列 $\{e_n\}$ は初項1，公差1の等差数列で，その一般項は

$$e_n=1+(n-1)\cdot1=n$$ ← 2 ⓑを使います

となる．

したがって

$$d_n=2^ne_n=n\cdot2^n \quad \cdots\cdots②$$

である．

(3)　$c_n+d_n=(a_n+b_n)+(a_n-b_n)=2a_n$ であるから，①，②より

$$a_n=\frac{1}{2}(c_n+d_n)=\frac{1}{2}\{(2\cdot3^n-2)+n\cdot2^n\}$$
$$=n\cdot2^{n-1}+3^n-1$$

である．

20 $a_{n+1}=(a_n$ の1次分数式) その2

50 (1) $b_{n+1}=a_{n+1}-2$ であるから，漸化式より

$$b_{n+1}=a_{n+1}-2=\frac{4-a_n}{a_n-1}-2=\frac{-3a_n+6}{a_n-1}$$

$$=\frac{-3(b_n+2)+6}{(b_n+2)-1}=-\frac{3b_n}{b_n+1}$$

である．

$b_n \neq 0$ は成り立つものとして出題されていますから，書く必要はありません

(2) ($b_n \neq 0$ であるとき，$b_{n+1} \neq 0$ であるから，$b_1=a_1-2=1$ より，すべての自然数 n について $b_n \neq 0$ である．)

漸化式を用いると

12 1 を使います

$$c_{n+1}=\frac{1}{b_{n+1}}=-\frac{b_n+1}{3b_n}=-\frac{1}{3b_n}-\frac{1}{3}=-\frac{1}{3}c_n-\frac{1}{3}$$

である．

$\alpha=-\frac{1}{3}\alpha-\frac{1}{3}$ を解くと，$\alpha=-\frac{1}{4}$ である．

この行は解答に書かないことが多いです

$$c_{n+1}+\frac{1}{4}=-\frac{1}{3}c_n-\frac{1}{3}+\frac{1}{4}=-\frac{1}{3}c_n-\frac{1}{12}=-\frac{1}{3}\left(c_n+\frac{1}{4}\right)$$

より，数列 $\left\{c_n+\frac{1}{4}\right\}$ は初項 $c_1+\frac{1}{4}=\frac{1}{b_1}+\frac{1}{4}=\frac{1}{1}+\frac{1}{4}=\frac{5}{4}$，公比 $-\frac{1}{3}$ の等比数列で，その一般項は

$$c_n+\frac{1}{4}=\frac{5}{4}\cdot\left(-\frac{1}{3}\right)^{n-1}$$

3 ⓑを使います

である．

よって，数列 $\{c_n\}$ の一般項は

$$c_n=\frac{5}{4}\cdot\left(-\frac{1}{3}\right)^{n-1}-\frac{1}{4}=\frac{1}{4}\left\{5\cdot\left(-\frac{1}{3}\right)^{n-1}-1\right\}$$

である．

(3) 数列 $\{a_n\}$ の一般項は

$$a_n=b_n+2=\frac{1}{c_n}+2=\frac{4}{5\cdot\left(-\frac{1}{3}\right)^{n-1}-1}+2$$

分母と分子に $(-3)^{n-1}$ を掛けます

$$=\frac{4\cdot(-3)^{n-1}}{5-(-3)^{n-1}}+2=\frac{10+2\cdot(-3)^{n-1}}{5-(-3)^{n-1}}$$

である．

51　(1)　$a_{n+1}-1=\dfrac{3a_n-2}{2a_n-1}-1$

$$=\frac{(3a_n-2)-(2a_n-1)}{2a_n-1}=\frac{a_n-1}{2a_n-1}$$

である.

$a_n-1\neq 0$ は成り立つものとして出題されていますから，書く必要はありません

（したがって，$a_n-1\neq 0$ であるとき，$a_{n+1}-1\neq 0$ であるから，

$a_1-1=\dfrac{3}{2}-1=\dfrac{1}{2}\neq 0$ より，すべての自然数 n について $a_n-1\neq 0$ である.）

ゆえに

$$b_{n+1}-b_n=\frac{1}{a_{n+1}-1}-\frac{1}{a_n-1}=\frac{2a_n-1}{a_n-1}-\frac{1}{a_n-1}=\frac{2a_n-2}{a_n-1}=\frac{2(a_n-1)}{a_n-1}=2$$

である.

(2)　$b_1=\dfrac{1}{a_1-1}=\dfrac{1}{\dfrac{3}{2}-1}=2$ であるから，(1)の結果より，数列 $\{b_n\}$ は初項 2，公差 2 の等差数列で，その一般項は

$$b_n=2+(n-1)\cdot 2=2n$$

2 ⓑを使います

である.

したがって，$2n=\dfrac{1}{a_n-1}$ から，$a_n-1=\dfrac{1}{2n}$

よって

$$a_n=\frac{1}{2n}+1=\frac{2n+1}{2n}$$

である.

JUMP UP!　**20**「**ここが大事！**」で触れたように，数列 $\{a_n\}$ の漸化式が

$a_{n+1}=\dfrac{pa_n+q}{a_n+r}$ で与えられているとき，適切に α を定めれば，

$b_n=a_n-\alpha$ で決まる数列 $\{b_n\}$ の漸化式が $b_{n+1}=\dfrac{p'b_n}{b_n+r'}$ の形になる.

(A)　α の求め方

$b_n=a_n-\alpha$ ($n=1,\ 2,\ 3,\ \cdots\cdots$) とおくと，$a_n=b_n+\alpha$，$a_{n+1}=b_{n+1}+\alpha$ であるから，漸化式より

$$b_{n+1}+\alpha=\frac{p(b_n+\alpha)+q}{(b_n+\alpha)+r}\quad (n=1,\ 2,\ 3,\ \cdots\cdots)$$

となる.

これは

$$b_{n+1}=\frac{p(b_n+\alpha)+q}{(b_n+\alpha)+r}-\alpha=\frac{p(b_n+\alpha)+q-(b_n+\alpha+r)\alpha}{b_n+\alpha+r}$$

$$=\frac{(p-\alpha)b_n+\{p\alpha+q-(\alpha+r)\alpha\}}{b_n+(r+\alpha)} \quad \cdots\cdots(*)$$

$$=\frac{(p-\alpha)b_n-\{\alpha^2-(p-r)\alpha-q\}}{b_n+(r+\alpha)}$$

と変形できるので，α が x の 2 次方程式

$$x^2-(p-r)x-q=0 \quad \cdots\cdots①$$

の解ならば $\alpha^2-(p-r)\alpha-q=0$ となり，数列 $\{b_n\}$ の漸化式は

$$b_{n+1}=\frac{(p-\alpha)b_n}{b_n+(r+\alpha)} \quad \cdots\cdots②$$

となる．

$(*)$ にあるように，①は $px+q-(x+r)x=0$ と同値で，この方程式は $x=\frac{px+q}{x+r}$ と変形できるので，α は漸化式 $a_{n+1}=\frac{pa_n+q}{a_n+r}$ において a_{n+1} と a_n をともに x に置き換えた方程式の解と考えることができる．

この方法により，本冊 p.64 例題 3 (1)・本冊 p.65 例題 4 (1)や 50 (1)の変形を導くことができる．

(B) より簡単な変形

(A)の結果から，2 つの場合に分けて考えると，次のことがわかる．

(i) ①が異なる 2 つの解 α，β をもつとき

$b_n=a_n-\alpha$，$c_n=a_n-\beta$ とすると，②より，数列 $\{b_n\}$，$\{c_n\}$ の漸化式は以下のようになる．

$$b_{n+1}=\frac{(p-\alpha)b_n}{b_n+(r+\alpha)},\quad c_{n+1}=\frac{(p-\beta)c_n}{c_n+(r+\beta)}$$

これらの式を a_{n+1}，a_n を用いて表すと

$$a_{n+1}-\alpha=\frac{(p-\alpha)(a_n-\alpha)}{(a_n-\alpha)+(r+\alpha)}=\frac{p-\alpha}{a_n+r}(a_n-\alpha)$$

$$a_{n+1}-\beta=\frac{(p-\beta)(a_n-\beta)}{(a_n-\beta)+(r+\beta)}=\frac{p-\beta}{a_n+r}(a_n-\beta)$$

となり $\frac{a_{n+1}-\alpha}{a_{n+1}-\beta}=\frac{p-\alpha}{p-\beta}\cdot\frac{a_n-\alpha}{a_n-\beta}$ から，数列 $\left\{\frac{a_n-\alpha}{a_n-\beta}\right\}$ は公比 $\frac{p-\alpha}{p-\beta}$ の等比数列である．

(ii) ①が重解 α をもつとき

α は①の重解であるから，解と係数の関係から $2\alpha=p-r$ が成り立ち，$r+\alpha=p-\alpha$ である．このとき，②は次のように変形できる．

$$b_{n+1}=\frac{(p-\alpha)b_n}{b_n+(r+\alpha)}=\frac{(p-\alpha)b_n}{b_n+(p-\alpha)}$$

したがって

$$\frac{1}{b_{n+1}}=\frac{b_n+(p-\alpha)}{(p-\alpha)b_n}=\frac{1}{b_n}+\frac{1}{p-\alpha}$$

である．

この式を a_{n+1}，a_n を用いて表すと

$$\frac{1}{a_{n+1}-\alpha}=\frac{1}{a_n-\alpha}+\frac{1}{p-\alpha}$$

から，数列 $\left\{\dfrac{1}{a_n-\alpha}\right\}$ は公差 $\dfrac{1}{p-\alpha}$ の等差数列である．

以上をまとめると，次のようになる．

Point　分数漸化式 $a_{n+1}=\dfrac{pa_n+q}{a_n+r}$ の変形

数列 $\{a_n\}$ が $a_{n+1}=\dfrac{pa_n+q}{a_n+r}$ を満たすとする．

(i)　$x=\dfrac{px+q}{x+r}$ が異なる2つの解 $x=\alpha$，β をもつとき

数列 $\left\{\dfrac{a_n-\alpha}{a_n-\beta}\right\}$ は公比 $\dfrac{p-\alpha}{p-\beta}$ の等比数列になる．

(ii)　$x=\dfrac{px+q}{x+r}$ がただ1つの解 $x=\alpha$ をもつとき

数列 $\left\{\dfrac{1}{a_n-\alpha}\right\}$ は公差 $\dfrac{1}{p-\alpha}$ の等差数列になる．

この方法により，35 別解・51 (1)の変形は次のように導かれる．

〈35 別解 について〉

$x=\dfrac{7x}{8x+3}\left(=\dfrac{\frac{7}{8}x+0}{x+\frac{3}{8}}\right)$ から $8x^2-4x=0$ を解くと，$x=\dfrac{1}{2}$，0 である．

したがって，$c_n=\dfrac{a_n-\frac{1}{2}}{a_n-0}=\dfrac{2a_n-1}{2a_n}$ とおくと，数列 $\{c_n\}$ は公比

$\dfrac{\frac{7}{8}-\frac{1}{2}}{\frac{7}{8}-0}=\dfrac{3}{7}$ の等比数列である．

〈51 (1)について〉

$x=\dfrac{3x-2}{2x-1}\left(=\dfrac{\frac{3}{2}x-1}{x-\frac{1}{2}}\right)$ から $2x^2-4x+2=0$ を解くと，$x=1$（重解）

である．

したがって，$b_n=\dfrac{1}{a_n-1}$ とおくと，数列 $\{b_n\}$ は公差 $\dfrac{1}{\frac{3}{2}-1}=2$ の等差

数列である．

21 漸化式に強くなる

52 (1) 時刻 0 で動点Pは頂点Aにあるので，(規則 1) から $a_1=\frac{1}{2}$，$b_1=\frac{1}{4}$，

$c_1=\frac{1}{4}$ である.

(2) (規則 1)～(規則 3) に従って，

c_{n+1} を a_n，b_n，c_n を用いて表すと

$$c_{n+1}=\frac{1}{4}a_n+\frac{1}{4}b_n+\frac{3}{4}c_n$$

となる.

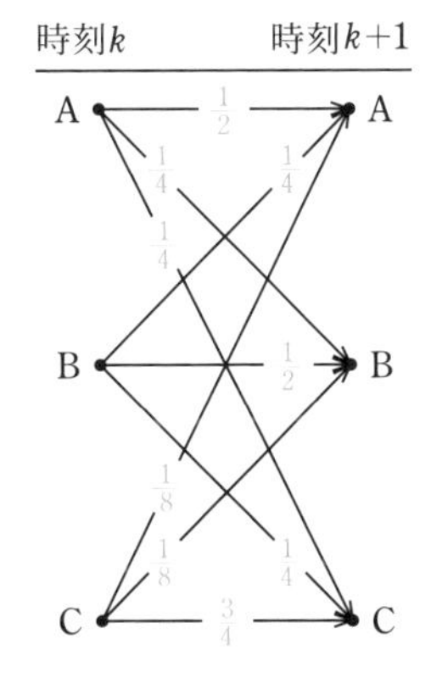

時刻 n で動点Pは 3 頂点 A，B，C のいずれかにあるので，

$a_n+b_n+c_n=1$ が成り立つ.

したがって

$$a_n+b_n=1-c_n \quad \cdots\cdots①$$

である.

よって

$$c_{n+1}=\frac{1}{4}(a_n+b_n)+\frac{3}{4}c_n=\frac{1}{4}(1-c_n)+\frac{3}{4}c_n=\frac{1}{2}c_n+\frac{1}{4}$$

すなわち

$$c_{n+1}=\frac{1}{2}c_n+\frac{1}{4} \quad \cdots\cdots②$$

である.

$\alpha=\frac{1}{2}\alpha+\frac{1}{4}$ を解くと，$\alpha=\frac{1}{2}$ である.

この行は解答に書かないことが多いです

②の両辺から $\frac{1}{2}$ を引くと

$$c_{n+1}-\frac{1}{2}=\frac{1}{2}c_n+\frac{1}{4}-\frac{1}{2}=\frac{1}{2}\left(c_n-\frac{1}{2}\right)$$

が成り立つ.

したがって，数列 $\left\{c_n-\frac{1}{2}\right\}$ は初項 $c_1-\frac{1}{2}=\frac{1}{4}-\frac{1}{2}=-\frac{1}{4}$，公比 $\frac{1}{2}$ の等比数列で，その一般項は

$$c_n-\frac{1}{2}=-\frac{1}{4}\cdot\left(\frac{1}{2}\right)^{n-1}=-\left(\frac{1}{2}\right)^{n+1}$$

となる.

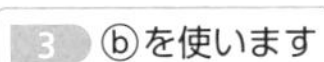

よって

$$c_n=-\left(\frac{1}{2}\right)^{n+1}+\frac{1}{2}$$

である.

(3)　①および(2)の結果より

$$a_n+b_n=1-\left\{-\left(\frac{1}{2}\right)^{n+1}+\frac{1}{2}\right\}=\left(\frac{1}{2}\right)^{n+1}+\frac{1}{2}$$

である.

また,(規則1)~(規則3)に従って,a_{n+1},b_{n+1} を a_n,b_n,c_n で表すと

$$a_{n+1}=\frac{1}{2}a_n+\frac{1}{4}b_n+\frac{1}{8}c_n \quad \cdots\cdots ③$$

$$b_{n+1}=\frac{1}{4}a_n+\frac{1}{2}b_n+\frac{1}{8}c_n \quad \cdots\cdots ④$$

となるので,③−④ より,$a_{n+1}-b_{n+1}=\frac{1}{4}a_n-\frac{1}{4}b_n=\frac{1}{4}(a_n-b_n)$ である.

したがって,数列 $\{a_n-b_n\}$ は初項 $a_1-b_1=\frac{1}{2}-\frac{1}{4}=\frac{1}{4}$,公比 $\frac{1}{4}$ の等比数列で,その一般項は

$$a_n-b_n=\frac{1}{4}\cdot\left(\frac{1}{4}\right)^{n-1}=\left(\frac{1}{4}\right)^n$$

となる.

3 ⓑを使います

よって

$$a_n+b_n=\left(\frac{1}{2}\right)^{n+1}+\frac{1}{2} \quad \cdots\cdots ⑤$$

$$a_n-b_n=\left(\frac{1}{4}\right)^n \quad \cdots\cdots ⑥$$

である.

また,(⑤+⑥)÷2,(⑤−⑥)÷2 より

$$a_n=\frac{1}{2}\left\{\left(\frac{1}{2}\right)^{n+1}+\frac{1}{2}+\left(\frac{1}{4}\right)^n\right\}=\left(\frac{1}{2}\right)^{2n+1}+\left(\frac{1}{2}\right)^{n+2}+\frac{1}{4}$$

$$b_n=\frac{1}{2}\left\{\left(\frac{1}{2}\right)^{n+1}+\frac{1}{2}-\left(\frac{1}{4}\right)^n\right\}=-\left(\frac{1}{2}\right)^{2n+1}+\left(\frac{1}{2}\right)^{n+2}+\frac{1}{4}$$

である.

よって

$$a_n=\left(\frac{1}{2}\right)^{2n+1}+\left(\frac{1}{2}\right)^{n+2}+\frac{1}{4}$$

$$b_n=-\left(\frac{1}{2}\right)^{2n+1}+\left(\frac{1}{2}\right)^{n+2}+\frac{1}{4}$$

である.

53 (1) さいころを投げて，4 以下の目が出る確率は $\frac{4}{6}=\frac{2}{3}$，5 以上の目が出る確率は $\frac{2}{6}=\frac{1}{3}$ である．

1 回目に投げたときに点Pが座標 1 にとまるのは 4 以下の目が出たときであるから，$p_1=\frac{2}{3}$ である．

1 回目に投げたときに点Pが座標 2 にとまるのは 5 以上の目が出たときであり，2 回目に投げたときに点Pが座標 2 にとまるのは 2 回とも 4 以下の目が出たときである．これらが同時に起こることはないので，$p_2=\frac{1}{3}+\left(\frac{2}{3}\right)^2=\frac{7}{9}$ である．

よって，$p_1=\frac{2}{3}$，$p_2=\frac{7}{9}$ である。

(2) (i) 事象Aが起こる確率

さいころを $n+1$ 回投げるまでのあいだに，P が座標 $n+1$ にとまる確率は p_{n+1} であり，直後にさいころを投げて 4 以下の目が出る確率は $\frac{2}{3}$ であるから，事象Aが起こる確率は $\frac{2}{3}p_{n+1}$ である．

(ii) 事象Bが起こる確率

さいころを n 回投げるまでのあいだに，P が座標 n にとまる確率は p_n であり，直後にさいころを投げて 5 以上の目が出る確率は $\frac{1}{3}$ であるから，事象Bが起こる確率は $\frac{1}{3}p_n$ である．

「さいころを $n+2$ 回投げるまでのあいだに，P が座標 $n+2$ にとまる」という事象は，事象 A，B の和事象に等しく，事象 A，B は互いに排反であるから，(i)，(ii)より

$$p_{n+2}=\frac{2}{3}p_{n+1}+\frac{1}{3}p_n$$

事象 A，B が互いに排反であるとき，和事象 $A\cup B$ の確率は $P(A\cup B)=P(A)+P(B)$

である．

(3) $p_{n+2}+\alpha p_{n+1}=p_{n+1}+\alpha p_n$ に(2)の結果を代入すると

$$\frac{2}{3}p_{n+1}+\frac{1}{3}p_n+\alpha p_{n+1}=p_{n+1}+\alpha p_n \text{ より，} \left(\alpha-\frac{1}{3}\right)(p_{n+1}-p_n)=0$$

同様に，$p_{n+2}-p_{n+1}=\beta(p_{n+1}-p_n)$ に代入すると

$$\frac{2}{3}p_{n+1}+\frac{1}{3}p_n-p_{n+1}=\beta(p_{n+1}-p_n) \text{ より，} \left(\beta+\frac{1}{3}\right)(p_{n+1}-p_n)=0$$

である．

(1)の結果から

$$p_2-p_1=\frac{7}{9}-\frac{2}{3}=\frac{1}{9}\quad\cdots\cdots①$$

すなわち，$p_2-p_1\neq 0$ となるので，$(\alpha,\ \beta)=\left(\frac{1}{3},\ -\frac{1}{3}\right)$ である.

(4)　(3)の結果から

$$\begin{cases} p_{n+2}+\frac{1}{3}p_{n+1}=p_{n+1}+\frac{1}{3}p_n & \cdots\cdots② \\ p_{n+2}-p_{n+1}=-\frac{1}{3}(p_{n+1}-p_n) & \cdots\cdots③ \end{cases}$$

が成り立つ.

②より

$$\begin{aligned} p_{n+1}+\frac{1}{3}p_n &= p_n+\frac{1}{3}p_{n-1} \\ &= \cdots\cdots \\ &= p_2+\frac{1}{3}p_1=\frac{7}{9}+\frac{1}{3}\cdot\frac{2}{3}=1 \end{aligned}$$

であるから

$$p_{n+1}+\frac{1}{3}p_n=1\quad\cdots\cdots④$$

となる。

また，①，③より，数列 $\{p_{n+1}-p_n\}$ は初項 $\frac{1}{9}$，公比 $-\frac{1}{3}$ の等比数列で，その一般項は

$$p_{n+1}-p_n=\frac{1}{9}\cdot\left(-\frac{1}{3}\right)^{n-1}$$

← 3 ⓑを使います

すなわち

$$p_{n+1}-p_n=\left(-\frac{1}{3}\right)^{n+1}\quad\cdots\cdots⑤$$

となる.

よって，④−⑤ から

$$\frac{4}{3}p_n=1-\left(-\frac{1}{3}\right)^{n+1}$$

したがって

$$p_n=\frac{3}{4}+\frac{1}{4}\cdot\left(-\frac{1}{3}\right)^n$$

である.

JUMP UP!　(4)で用いた②，③の 2 式は

$$p_{n+2}=\frac{2}{3}p_{n+1}+\frac{1}{3}p_n\quad\cdots\cdots⑥$$

から次のように導くことができる.

x の 2 次方程式 $x^2=\frac{2}{3}x+\frac{1}{3}$，すなわち

$$x^2-\frac{2}{3}x-\frac{1}{3}=0 \quad \cdots\cdots ⑦$$

を考え，その解を γ，δ とすると，解と係数の関係から

$$\gamma+\delta=\frac{2}{3},\ \gamma\delta=-\frac{1}{3}$$

が成り立つ.

これを用いると，⑥は

$$p_{n+2}=(\gamma+\delta)p_{n+1}-\gamma\delta p_n$$

より

$$p_{n+2}-\gamma p_{n+1}=\delta(p_{n+1}-\gamma p_n)$$
$$p_{n+2}-\delta p_{n+1}=\gamma(p_{n+1}-\delta p_n)$$

の 2 通りに変形できる.

実際に⑦を解くと，$x=-\frac{1}{3}$，1 となるので，この変形から

$$p_{n+2}+\frac{1}{3}p_{n+1}=p_{n+1}+\frac{1}{3}p_n$$

$$p_{n+2}-p_{n+1}=-\frac{1}{3}(p_{n+1}-p_n)$$

が導かれる.

JUMP UP! (4)は⑤のみから 6 2 を用いて，次のように解くこともできる.

$n \geqq 2$ のとき

$$p_n=p_1+\sum_{k=1}^{n-1}\left(-\frac{1}{3}\right)^{k+1}$$ ← 6 ⓑを使います

$$=\frac{2}{3}+\frac{\frac{1}{9}\left\{1-\left(-\frac{1}{3}\right)^{n-1}\right\}}{1-\left(-\frac{1}{3}\right)}$$ ← 3 ⓒを使います

$$=\frac{3}{4}+\frac{1}{4}\cdot\left(-\frac{1}{3}\right)^n$$

この式に $n=1$ を代入すると $\frac{2}{3}$ となり，p_1 に一致する.

よって，すべての自然数 n について ← $n=1$ の場合を確認します

$$p_n=\frac{3}{4}+\frac{1}{4}\cdot\left(-\frac{1}{3}\right)^n$$

である.

54　(1)　直角三角形 A_nBC_n において $\angle B=60^\circ$ であるから

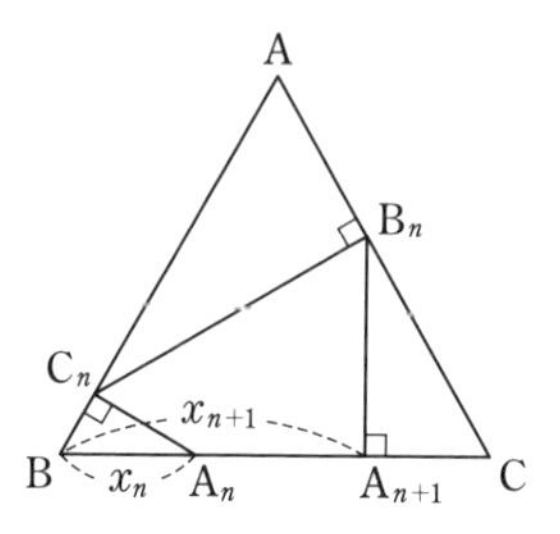

$$BC_n=\frac{1}{2}BA_n=\frac{1}{2}x_n$$

である。

また

$$AC_n=AB-BC_n=1-\frac{1}{2}x_n$$

である。

よって

$$BC_n=\frac{1}{2}x_n,\quad AC_n=1-\frac{1}{2}x_n$$

である。

(2)　(1)と同様に，直角三角形 C_nAB_n において $\angle A=60^\circ$ であるから

$$AB_n=\frac{1}{2}AC_n=\frac{1}{2}\left(1-\frac{1}{2}x_n\right)=\frac{1}{2}-\frac{1}{4}x_n$$

であり，よって

$$CB_n=AC-AB_n=1-\left(\frac{1}{2}-\frac{1}{4}x_n\right)=\frac{1}{2}+\frac{1}{4}x_n$$

である。

さらに，直角三角形 B_nCA_{n+1} において $\angle C=60^\circ$ であるから

$$CA_{n+1}=\frac{1}{2}CB_n=\frac{1}{2}\left(\frac{1}{2}+\frac{1}{4}x_n\right)=\frac{1}{4}+\frac{1}{8}x_n$$

であり，よって，

$$BA_{n+1}=BC-CA_{n+1}=1-\left(\frac{1}{4}+\frac{1}{8}x_n\right)=\frac{3}{4}-\frac{1}{8}x_n$$

である。

ゆえに

$$x_{n+1}=\frac{3}{4}-\frac{1}{8}x_n \quad \cdots\cdots①$$

である。

(3)　$\alpha=\frac{3}{4}-\frac{1}{8}\alpha$ を解くと，$\alpha=\frac{2}{3}$ である。　← この行は解答に書かないことが多いです

①の両辺から $\frac{2}{3}$ を引くと

$$x_{n+1}-\frac{2}{3}=\frac{3}{4}-\frac{1}{8}x_n-\frac{2}{3}=-\frac{1}{8}\left(x_n-\frac{2}{3}\right)$$

が成り立つ。したがって，数列 $\left\{x_n-\frac{2}{3}\right\}$ は初項 $x_1-\frac{2}{3}$，公比 $-\frac{1}{8}$ の等比数列で，

その一般項は

$$x_n-\frac{2}{3}=\left(x_1-\frac{2}{3}\right)\cdot\left(-\frac{1}{8}\right)^{n-1}$$ ← 3 ⓑを使います

である．

よって，数列 $\{x_n\}$ の一般項は

$$x_n=\left(x_1-\frac{2}{3}\right)\cdot\left(-\frac{1}{8}\right)^{n-1}+\frac{2}{3}$$

である．

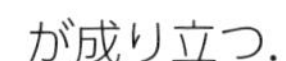
55 (1) x 軸に接する円 C_2 が領域 $y\leqq 0$ に含まれれば 2 円 C_0，C_1 に外接することはない．

したがって，円 C_2 は領域 $y\geqq 0$ に含まれ，$b_2>0$ から，C_2 の半径は b_2 である．

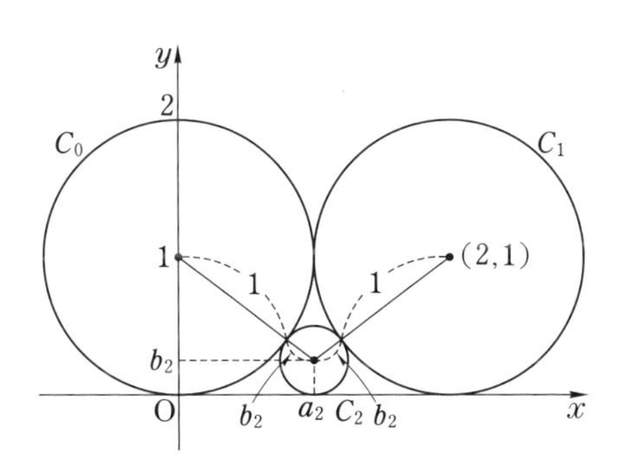

2 円 C_0，C_2 が外接するので，中心間の距離は半径の和に等しく

$$\sqrt{(a_2-0)^2+(b_2-1)^2}=1+b_2$$

が成り立つ．

この式の両辺はともに正であるから，両辺を平方した式と同値で

$$a_2{}^2+b_2{}^2-2b_2+1=b_2{}^2+2b_2+1 \text{ より，} a_2{}^2=4b_2$$

したがって

$$b_2=\frac{1}{4}a_2{}^2 \quad \cdots\cdots①$$

である．

同様に，2 円 C_1，C_2 も外接するので

$$\sqrt{(a_2-2)^2+(b_2-1)^2}=1+b_2$$

が成り立ち，両辺はともに正であるから，両辺を平方した式と同値で

$$a_2{}^2-4a_2+4+b_2{}^2-2b_2+1=b_2{}^2+2b_2+1$$

より，$a_2{}^2-4a_2+4=4b_2$

したがって

$$b_2=\frac{1}{4}a_2{}^2-a_2+1 \quad \cdots\cdots②$$

である．

①，②から b_2 を消去すると

$$\frac{1}{4}a_2{}^2=\frac{1}{4}a_2{}^2-a_2+1$$

より，$a_2=1$ である．

これを①に代入すれば $b_2=\frac{1}{4}$ となる．

よって，C_2 の中心の座標は $\left(1,\ \frac{1}{4}\right)$ である．

(2)　(1)と同様の考察から，異なる2点で x 軸に接する2円が領域 $y \geqq 0$ に含まれるとき，x 軸とこの2円に外接する円は領域 $y \geqq 0$ に含まれる．

これを繰り返し用いれば，円 C_n の中心の y 座標は正であることが示される．

よって，円 C_n の半径は b_n である．

2円 C_{n+1}，C_n が外接するので

$$\sqrt{(a_n-a_{n+1})^2+(b_n-b_{n+1})^2}=b_n+b_{n+1}$$

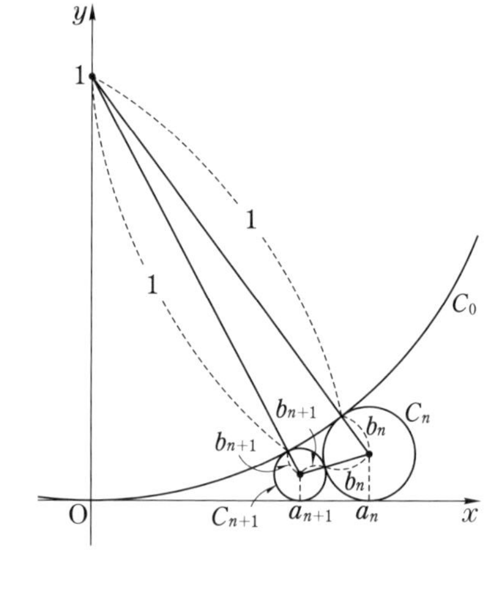

が成り立ち，両辺はともに正であるから，両辺を平方した式と同値で

$$(a_n-a_{n+1})^2+b_n{}^2-2b_nb_{n+1}+b_{n+1}{}^2=b_n{}^2+2b_nb_{n+1}+b_{n+1}{}^2$$

より

$$(a_n-a_{n+1})^2=4b_nb_{n+1} \quad \cdots\cdots ③$$

である．

また，2円 C_0，C_{n+1} も外接するので，同様に

$$\sqrt{(a_{n+1}-0)^2+(b_{n+1}-1)^2}=b_{n+1}+1$$

が成り立ち，両辺はともに正であるから，両辺を平方した式と同値で

$$a_{n+1}{}^2+b_{n+1}{}^2-2b_{n+1}+1=b_{n+1}{}^2+2b_{n+1}+1$$

より

$$a_{n+1}{}^2=4b_{n+1}$$

したがって

$$b_{n+1}=\frac{1}{4}a_{n+1}{}^2 \quad \cdots\cdots ④$$

である．

さらに，2円 C_0，C_n も外接するので，同様の計算から

$$b_n=\frac{1}{4}a_n{}^2 \quad \cdots\cdots ⑤$$

が成り立つ．

④，⑤を③に代入すると

$$(a_n-a_{n+1})^2=4\cdot\frac{1}{4}a_n{}^2\cdot\frac{1}{4}a_{n+1}{}^2=\frac{a_n{}^2a_{n+1}{}^2}{4}$$

ここで

$$0<a_{n+1}<a_n$$

であるから，$a_n-a_{n+1}>0$，$a_na_{n+1}>0$ より

$$a_n-a_{n+1}=\frac{a_na_{n+1}}{2}$$

が成り立つ．

よって，$\left(\frac{a_n}{2}+1\right)a_{n+1}=a_n$ から

$$a_{n+1}=\frac{2a_n}{a_n+2}$$

である．

(3)　(2)で得られた漸化式より，$a_n\neq0$ ならば $a_{n+1}\neq0$ であるから，$a_1=2\neq0$ より，数列 $\{a_n\}$ の各項は 0 とならない．

したがって，漸化式の両辺の逆数をとると　← 13 1 を使います

$$\frac{1}{a_{n+1}}=\frac{a_n+2}{2a_n}=\frac{1}{a_n}+\frac{1}{2}$$ ← 2 ⓐです

となり，数列 $\left\{\frac{1}{a_n}\right\}$ は初項 $\frac{1}{a_1}=\frac{1}{2}$，公差 $\frac{1}{2}$ の等差数列である．

よって

$$\frac{1}{a_n}=\frac{1}{2}+(n-1)\cdot\frac{1}{2}=\frac{n}{2}$$ ← 2 ⓑを使います

から

$$a_n=\frac{2}{n}$$

である．

Obunsha